JN096117

『はじめての気象学（'21)』

追　補

（第 1 刷〜第 2 刷）

【追補の趣旨】

放送大学印刷教材「はじめての気象学（'21)」第 3 章の追記

真鍋淑郎先生の放射対流平衡モデルと CO2 倍増実験について
ノーベル物理学賞受賞に際して

　2021 年 10 月 5 日の夕刻に，米国プリンストン大学の真鍋淑郎先生が，今年度のノーベル物理学賞を受賞したというニュースが日本中を駆け巡りました。放送大学の「はじめての気象学（'21)」では，真鍋先生による放射平衡温度の説明を図入りで解説してあります（図 3-5)。学生達の関心も高まっていると思われることから，この放射対流平衡モデルの計算についてより詳しく説明し，そのモデルの応用として世界で初めて CO2 倍増実験を行った際の計算結果を印刷教材の追記として書き添えてみました。

　基本となる物理法則を表した式は，印刷教材 p.43 のステファン・ボルツマンの法則です。

$$E = \sigma T^4$$

これは，ある物体から射出される放射エネルギー E がその物体の温度 T の 4 乗に比例するという物理法則です。太陽放射 S とアルベド A を用いて地球の加熱を計算し，地球から宇宙に向けた赤外放射 E による冷却がそれと釣り合う温度が地球大気の放射平衡温度です。印刷教材の例では，大気がない場合の地表での熱フラックスの収支から，放射平衡温度 T=255K が計算できます。ここで熱フラックスとは単位時間に単位面積を通過する熱エネルギー量なので，地球の半径を R として全面積で平均すると，太陽放射と赤外放射のつり合いの式から放射平衡温度が決まります。

　印刷教材 p.48 ではさらに，大気を 1 層とした場合の大気上端，大気中，地表での放射収支計算の結果が纏められています。大気がある場合では，大気から地表への下向き赤外放射が新たに加わります。この下向き放射により，大気温度よりも地表温度が高くなる現象を温室効果と呼びました。

　このエネルギー収支の計算を大気 1 層から N 層に拡張し，鉛直 1 次元（全球平均または特定の緯度と考えて）の放射平衡モデルを考えます（図 1）。地表が太陽放射で加熱され，赤外放射を上向きに放って収支が釣り合うとすると，上で述べたエネルギー収支式を適用し，その時の地表の温度を T_0 とします。次に地表のひとつ上の最下層 n=1 の大気を考えると，T_0 からの赤外放射フラックスが下から入ってきてこの大気層を暖め，この層の温度が T_1 になったとすると，この温度 T_1 に応じた赤外放射が上方と下方に放射されます。このように大気の全層に対して，その層の気温を T_n, n=1, 2, 3, … N とおいて，下方と上方から入ってくる熱フラックスを考慮して N+1 本の連立方程式を導きます。大気上端では，n=N 層から上向きに放射される赤外放射の値が，太陽放射の加熱と同じと置くことでエネルギーの均衡が保たれます。この連立方程式を数値的に解くことで，気温 T_n の鉛直分布を計算することができます。

　この計算の際に水蒸気やオゾン，CO2 と言った温室効果気体による吸収率（射出率）を加味します。温室効果気体の濃度と放射の射出率の関係式を計算しておくことで，気体の濃度から射出率が求まり，射出率を考慮した放射強度を計算することができます。赤外線では CO2 は 15 μ m，H2O は 6.3 μ m，

O3は9.6μmの特定の波長の吸収帯を使いました。太陽放射に関してはオゾンによる放射加熱を同様の方法で考慮することができます。その温度の鉛直分布とエネルギー収支に用いられたフラックスの矢印を描いたものが図2（印刷教材の図3-4）になります。地表から宇宙に向かう赤外線が各層で吸収され、温度Tnに応じた赤外線を上下に射出する様子が纏められています。大気上端では放射平衡温度がT=255Kとなるような放射収支が成立します。

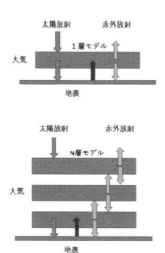

図1　放射収支の1層モデルとN層モデル

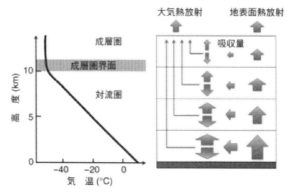

図2　N層放射収支モデルの解としての気温分布の例

実際に観測される気温分布を再現するために，計算する大気の層を増やし，高さ約50kmまでの各々の層でオゾン層などの現実的な大気組成を与えてエネルギー収支を綿密に計算した結果が図3（印刷教材の図3-5）になります。縦軸に高度（気圧），横軸に温度が目盛られています。左図は放射平衡温度，右図は放射対流平衡温度です。ここでは，初期の温度を鉛直一定の160Kの低温状態と360K高温状態とし，時間発展させて温度が平衡状態になるまで計算を続けています。放射平衡温度の計算結果では，低温高温のどちらの場合も計算を始めて約1年が経つと，各高度の放射平衡温度に収束することが分かります。その結果は地表付近で340K，高度10km付近で最低温度の180Kとなり，そこから成層圏に向かってオゾン層による加熱が働いて気温が上昇し，上端での放射平衡温度は255Kになっています。この結果は大気が静止しているという条件で計算されたもので，地表温度の67℃は明らかに高すぎます。また対流圏では10kmで気温が地表より160℃も低下し，成層状態が力学的に不安定であることが分かります。この場合，実際の大気では対流が生じ，不安定が解消されて乾燥断熱減率となるはずです。

　そこで，標準大気の気温減率が対流圏では6.5℃/kmになっていることから，成層が不安定ならば対流によりこの気温減率となるように不安定を解消しつつ，前と同じ初期値から出発して数値的に気温の平衡状態を求めてみた結果が図3右です。これは放射対流平衡温度と呼ばれます。放射平衡温度は対流圏で不安定でしたが，放射対流平衡ではそれが解消されています。その結果，地表は約300Kとなり，高度11km付近の対流圏界面で220Kに収束しています。下部成層圏はほぼ等温となり，上部成層圏で気温が上がり上端で255Kの放射平衡温度となっています。対流を考慮しつつ放射平衡温度を各高度で計算することで，大気の気温分布が再現されました。これが真鍋先生により考案された鉛直1次元の放射対流平衡モデルです。

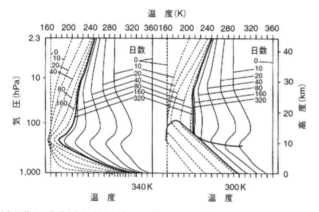

温度(K)

図3　放射平衡温度（左）と放射対流平衡温度（右）（Manabe and Strickler 1964）

　　放射平衡だけでは，気温分布は
観測されたものと異なりますが，
そこに対流調節と命名された対流
の効果をパラメタリゼーションと
して導入することで，見事なまで
に観測される気温の鉛直分布を再
現することに成功したわけです。
ここでは気温減率を 6.5℃/km の
一定値として与えましたが，この
値は後の研究でもっと精緻化され
て用いられています。

　　このように，大気の気温の鉛
直分布が数値モデルで再現でき
るようになると，太陽放射を変
えたり，雲を入れたり，水蒸気を
変化させたりといろんな実験が可

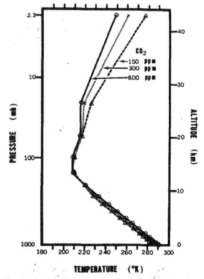

FIG. 16. Vertical distributions of temperature in radiative convective equilibrium for various values of CO₂ content.

図4　CO2 濃度を変えた時の気温分布
（Manabe and Wetherald 1967）

能になるわけですが，真鍋先生が 1967 年に発表した論文ではこの放射対流平
衡モデルの CO2 濃度を倍にしてみました。それが図4になります。ここでは，

CO2濃度を 150ppm，300ppm, 600ppm に代えた場合の実験結果が示されています。実験結果によると CO2 濃度が増えることで成層圏の気温が明瞭に下がることが分かります。これは CO2 濃度が増えることで放射冷却が盛んになり，気温が低下するという結果です。実際の観測によると CO2 濃度が増えたことで成層圏が近年低温化したことが確かめられています。これは温室効果の特徴として整合的な観測結果になります。モデルでは対流圏界面の気温はほとんど変化しませんが，対流圏の気温は CO2 濃度が増えることで上昇しています。これが CO2 倍増実験による温室効果の変化になります。このモデルでは温室効果により地表面の気温が上昇する際に，気温減率を一定にしていることから対流圏全体が一定の割合で昇温するという特徴がみられます。実際の観測による温室効果では，CO2 濃度が増えることで地上気温が上昇しますが，対流圏中高層の気温はそれより緩やかに昇温しています。

　この実験で示されたように，地球大気の気温の鉛直分布を放射対流平衡モデルで再現し，そのモデルに含まれる CO2 を 2 倍にしてみた時には，温室効果により地表の気温が 2.36℃ 上昇するということを世界で初めて示しました。これが地球温暖化研究のルーツとなり，今日の気候モデル予測に関する多くの研究の礎を構築したことから，今回の受賞に繋がりました。この Manabe and Wetherald (1967) の記念すべき論文は，実は論文タイトルにあるように，大気中の水蒸気がどのように温室効果に影響するかを調べることが主目的でした。この論文の後半に，アイデアとして付け足したように CO2 を 2 倍にしたらどうなるか，という図が掲載されその説明が述べられています。ノーベル賞級の大発見は，実は真鍋さんのちょっとした好奇心から，道をはみ出して行った実験結果であったという事です。科学の発展の歴史から見るとこのようなちょっとした応用や偶然と言ったものが，大発見に繋がるケースが多いというのも面白い結果です。

田中博　　2021 年 10 月

参考文献

Manabe, S. and Strickler, R. F. (1964) Thermal equilibrium of the atmosphere with a convective adjustment. J. Atmos. Sci., 21, 361-385.

Manabe, S. and Wetherald, R. T. (1967) Thermal equilibrium of the atmosphere with a given distribution of relative humidity. J. Atmos. Sci., 24, 241-259.

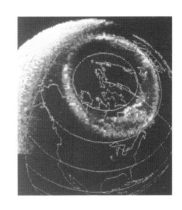

図2-2 オーロラが現れる
極域のオーロラオーバル
(Stern, 2006)[2]

図8-11 室内実験で再現された傾圧不安定の様子
流れの様子は白いアルミ粉で可視化されている。 (a)回転数が小さい場合の同心円
状の流れ。 (b)回転数が大きい場合の波打った流れ。(三澤信彦氏提供)

図9-2 台風シンラクとハリケーンアイクの数値モデルによる再現

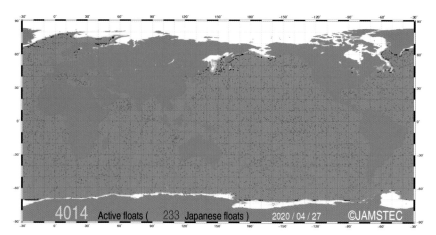

図 13 - 6　海洋観測のアルゴフロート観測点の分布（海洋研究開発機構提供）[2]

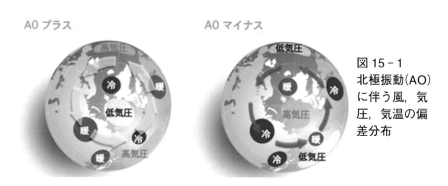

図 15 - 1
北極振動(AO)
に伴う風，気
圧，気温の偏
差分布

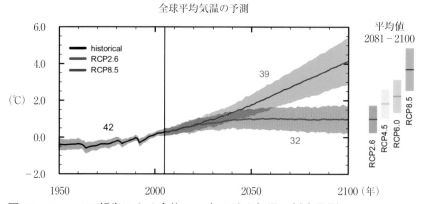

図 15 - 6　IPCC 報告による今後 100 年の地上気温の将来予測
（IPCC-AR5 報告書，2013）[2]

はじめての気象学

田中　博・伊賀啓太

まえがき

　はじめて気象学を学ぼうとしている多くの人たちは，テレビやラジオ，そしてインターネットなどにより毎日のように解説される天気予報を，正しく理解し，生活に役立てたいと思っているに違いない。気象衛星「ひまわり」からの雲の動画を見れば，西から温帯低気圧がやって来て，お天気が下り坂となることが分かる。台風が接近する時には，進路の予報円を見ることで，数日後の運動会を行えるかどうかの判断に使える。また，日本周辺の降水分布の実況を示すレーダー・ナウキャストの動画を見れば，水色の雨域の中にオレンジ色の強雨域が移動する様子が分かり，今いる場所が30分後に大雨となることが予測できる。こんな身近で素晴らしい科学技術は他にはめったにない。

　気象は私たちの毎日の生活に密接に関係しており，社会生活に大きな影響を与える。例えば，農作物の生育は日照や気温に大きく左右され，天気予報の情報は建設現場での物資調達の判断に欠かせない。また，豪雨や豪雪などの顕著現象は，洪水や土砂くずれなどの自然災害をもたらすため，正しい気象学の知識は，生命と財産を守る防災・減災という観点からも重要である。

　天気の変化について，正確な将来予測ができれば，日常生活や経済活動で，大変有利に事を進めることが可能となる。そして，社会における気象学の有用性を体感することで，その基礎知識を身に付けることの重要性を再認識するに違いない。天気予報を聞く時に，日本地図上に晴れや雨のマークの入った予報を見るだけでなく，地上気圧の等値線で囲まれた高気圧や低気圧，寒冷前線，温暖前線などの動きを理解していれば，より盛りだくさんの情報が得られることを知るであろう。

　気象学とは，大気内部の営みを自然科学の立場から扱う学問である。本書は，はじめて気象学を本格的に学びたいと考える一般の方々を念頭に，大学の教養教育程度の気象学の内容をまとめた放送大学の印刷教材である。はじめに，気象学の導入として，46 億年の地球の歴史の中での地球大気や海の形成，そして生命の誕生に伴う大気組成の変遷を学ぶ。次に，気温分布により区分される対流圏から熱圏までの大気の鉛直構造を説明して，太陽放射と地球放射の熱のバランス，南北の温度差により駆動される大気の大循環などの現在の地球大気の状態を論じ，温帯低気圧や台風の構造と役割，雲と対流運動によってもたらされるさまざまな嵐など，大気の中で起こる現象について学ぶ。その際，背景にあるコリオリの力や水蒸気の凝結による潜熱加熱などの力学・熱力学的基礎についても解説していく。空間的には，ローカルなヒートアイランドからグローバルな偏西風波動や大気と海洋の相互作用についてまで言及し，時間的には個々の雲による降水から日本の四季の変遷，さらには気候変動の将来予測などについても解説する。

　ぜひ，本書で学習することにより，大気の営みに関して正しく理解していただきたい。本書の内容は，毎日接する天気をより深く理解することだけでなく，世代を超えた地球環境問題を考える際にも役立つはずである。

2020 年 10 月 7 日

田中　博・伊賀啓太

目 次

6

1 | 地球大気の歴史

田中　博

《**学習のポイント**》　はじめて気象学を学ぶ人たちには，地球がどのようにして誕生し，地球大気がどのようにしてできたのかを出発点として本書を始めよう。そして，地球大気を理解する上で，他の惑星の大気と地球大気は，どこが似ていてどこが違うのかを確認しておこう。本章では，地球が誕生し今日に至るまでの46億年の地球大気の歴史を振り返る。マグマオーシャンの時代から，地球が冷えて大気と海が形成される過程や，38億年前の生命体の誕生と，光合成による二酸化炭素の吸収および酸素の放出といった大気組成の変遷について学ぶ。その上で，今日の地球上のすべての生命体を包み込む，かけがえのない地球大気の役割を理解する。

《**キーワード**》　地球大気の誕生，大気の歴史，二酸化炭素，酸素，気候変化，氷期，間氷期

1.1　太陽系と地球の誕生

　およそ50億年前，銀河系の一角で水素・ヘリウムを主成分とする巨大なガスや塵が，濃淡の揺らぎの中で互いに引き合い収縮を始めた。図1-1は50億年前の銀河系と太陽系の位置を示したイメージ図であり，銀河系の中心から約2/3の位置に太陽系が形成され始めたとされる。太陽系の中心部に集積したガスは原始太陽を形成し，周りのガスは収縮とともに回転を速め，降着円盤と呼ばれる扁平な円盤状になって原始太陽系星雲を作り上げた（図1-2 (a)）。今日，オリオン座大星雲の中で，同様の星の誕生を実際に観測することができる。

図1-1　銀河系の中の太陽系の
イメージ（バンブームーンデザイ
ン・インク作成）[1]

　原始太陽系星雲のごく一部である固体成分（塵）は原始太陽の赤道面
に集まり，凝集（凝結）過程により直径 1 ～ 10 km の微惑星が大量に
作られた（図1-2 (b)）。これは水蒸気から雲粒ができる凝結過程と類
似している。太陽に近い高温なところ（絶対温度 1500 K）では，太陽
放射の影響で岩石と金属が先に凝結して微惑星の主成分となり，太陽か
ら遠いところでは水が凝結・凍結して微惑星の主成分になった。これは
太陽からの距離とともに温度が低下し，その温度に応じてそれぞれの物
質が凝結したためである。

　大量の微惑星はその後，太陽の赤道面を回転する円盤の中で互いに衝
突・合体を繰り返し，集積（併合）過程により原始惑星へと成長した。
これは雲粒が雨粒に成長する併合過程と類似している。回転円盤の中で，
小さい塊が併合を繰り返し大きな塊へと成長する過程は，流体中の渦に
対しても見られる現象である。その原始惑星も衝突・合併を繰り返し，
太陽に近い高温なところでは，岩石と金属を主成分とする地球型惑星が
形成された（図1-2 (c)）。

　太陽から遠いところでは，岩石と金属に加えて大量の氷の集積により

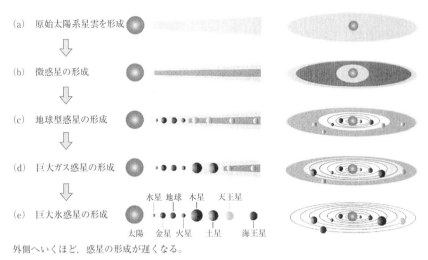

(a)　原始太陽系星雲を形成

(b)　微惑星の形成

(c)　地球型惑星の形成

(d)　巨大ガス惑星の形成

(e)　巨大氷惑星の形成

水星　地球　木星　　天王星

太陽　金星　火星　　土星　　海王星

外側へいくほど，惑星の形成が遅くなる。

図 1 - 2　太陽系の形成過程（森本・天野・黒田・他，2014）[2]

　大きく成長した原始惑星が，原始太陽系星雲の水素やヘリウムなどのガス成分をさらに引き寄せて，巨大ガス惑星へと成長し，木星と土星が形成された（図 1 - 2 (d)）。

　さらに遠くでは，氷成分を引き寄せた巨大氷惑星としての天王星と海王星が形成された（図 1 - 2 (e)）。その外縁部では，成長できずに残された氷主体の微惑星により，冥王星を含むエッジワース・カイパーベルトが形成された。

　このようにして，太陽系の内側には最終的に，地球型惑星として水星・金星・地球・火星が残った。これらの惑星では，高温で溶けた状態の原始惑星の時代に重い鉄やニッケルなどが沈んで中心核を作り，表面には軽いケイ酸塩などの岩石が覆う構造となった。火星と木星の間の小惑星があるあたりにはアイスラインという境界があり，この境界の外では水蒸気が凍って固体の氷粒子として存在した。ここでは微惑星に氷が多く

含まれていたために，アイスラインの内側の領域の場合よりも大きく成長した原始惑星が，原始太陽系星雲の水素やヘリウムなどのガス成分を集め，木星型惑星と呼ばれる巨大ガス惑星や巨大氷惑星が生まれた。これらの惑星の公転方向，衛星の公転方向は，太陽系の赤道面と一致し，それぞれの惑星や衛星の自転軸も，一部を除いて太陽の自転軸と一致している。巨大化した木星の引力の影響で，木星と火星の間にあった微惑星の運動は乱され，併合を拒まれたため，原始惑星に成長できなかったものが現在の小惑星として残った。惑星の形成後に，残っていた原始太陽系星雲のガスは，核融合を始めた太陽からの強い放射と太陽風によって吹き飛ばされて，現在のような太陽系が形成されたと考えられている。

　恒星からの距離により温度が低下し，惑星の水が液体として存在できる領域のことをハビタブルゾーンという。地球型惑星の中で地球だけが偶然にもハビタブルゾーンに位置し，やがて広大な海の中で生命の誕生を迎えることになった。

　地球型惑星の原始大気の主成分は二酸化炭素と水蒸気であった。原始太陽系星雲の水素やヘリウムなどのガス成分は，太陽風に吹き飛ばされてなくなってしまったと考えられている。

　地球型惑星の中で，太陽に最も近い水星は，小さな惑星なので重力が小さく，太陽に近いため，日射に含まれる紫外線による大気分子の光解離が起きやすかった。また，高温で大気分子の熱運動が大きく，軽い分子は惑星外に逃げやすかった。そのため，水星は大気を持たない惑星となった。

　金星は太陽に近く，高温であったため，水蒸気は液体になることができず，太陽の紫外線で光解離し，その結果できた水素は熱運動で惑星外に逃げてしまった。そのため，金星は水蒸気も海もない惑星になった。残されたのは90気圧に及ぶ厚い二酸化炭素の大気であった。

　地球については次節で扱うので，火星について見てみよう。火星には水の流れたような地形が残されているが，そのような地形を作り出した水と水蒸気は氷として地下に大量に残されていると考えられている。火星の大気はその95％が二酸化炭素だが，低温のため冬季に形成される極冠では，固体のドライアイスが形成される。このため，大気量自体が季節変化をするという特徴を持っている。

1.2　地球大気の誕生

　微惑星の集積により原始地球が誕生したのはおよそ46億年前のことである（図1-3（a））。現在の地球半径の30％程度に成長した頃に，微惑星の衝突のエネルギーで溶融したマグマから脱ガスにより原始大気の形成が始まった。原始大気は原始太陽系星雲を作るガス成分ではなく，微惑星の固体部分に閉じ込められていたガス成分が抜け出したものと考えられている。現在の地球大気の主成分は窒素と酸素であるが，原始大

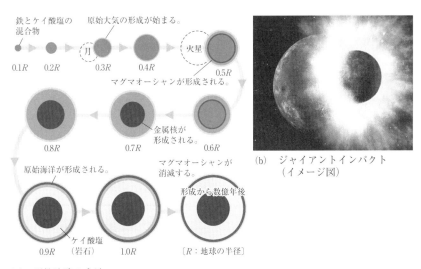

（a）　原始地球の成長

図1-3　地球の形成過程とジャイアントインパクト
（森本・天野・黒田・他，2014）[2]

気の主成分は二酸化炭素と水蒸気であった。他に窒素，一酸化炭素，亜硫酸ガス，塩化水素などが含まれていた。これらの成分は火山噴火や温泉ガスと似た成分である。

　地球半径が50％に達した頃に微惑星の大量の衝突に加えて水蒸気と二酸化炭素の強い温室効果で表面が加熱され，1500 K 以上で溶融したケイ酸塩を主成分とするマグマオーシャンの時代を迎えた。それまで未分化だった原始地球が内部まで溶融すると，重い鉄やニッケルが分離して地球内部に沈み込んで金属核が形成された。それをケイ酸塩のマントルが取り囲んだ層構造が形成された。一方，マグマオーシャンの揮発性成分は外に抜け出して原始大気を発達させた。地上気圧は300 ～ 400 気圧もあったとされる。

　微惑星の衝突の最終段階では，火星程度の大きさの原始惑星がマグマオーシャンの原始地球に衝突し，その時の破片が集まって月が形成されたと考えられている。これが月形成のジャイアントインパクト説である（図 1 - 3 (b)）。やがて，地球誕生から数億年後には微惑星の衝突が減り，地表が冷えてマントル対流が起こり，地表面で原始地殻が形成された。

　半径が90％に達した頃に原始大気の水蒸気が凝結して雨となり，原始海洋が形成された。分圧にして300 気圧の水蒸気が凝結すると，海の平均水深は3000 m になる。地球上の最古の岩石が残っているのはカナダ北部に分布する片麻岩で，40 億年前のものであり，この頃までに中心核，マントル，地殻，海洋，大気の層からなる現在の姿の地球が形成された。46 億年前の原始地球の誕生から，地球最古の岩石が残っている 40 億年前までの 6 億年間は，当時の状況を示す直接的な情報がなく，冥王代と呼ばれる。

　はじめの頃の海は塩素や亜硫酸ガスを溶かして酸性になっていた。しかしながら，水蒸気が雲となり雨となって陸地に降り注ぐことで，浸食

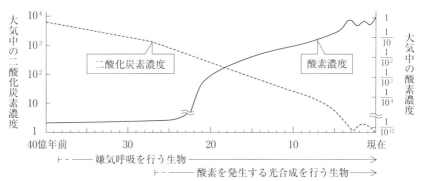

（注）　酸素および二酸化炭素の濃度は，現在を１とした時の相対値である。

図1-4　過去40億年の二酸化炭素の減少と酸素の増加
（大学入試センター，2014）[3]

が起こり，塩基性になるナトリウムやカルシウムを水に溶かして，海を次第に中和するようになった。海が中和されることで，二酸化炭素も海に溶けることができるようになり，海水中のカルシウムを炭酸カルシウムとして沈殿させるようになった。現在の１万倍もあった大気中の二酸化炭素の多くはやがて石灰岩として固定されることで，大気中の二酸化炭素のほとんどが海に吸収されて指数関数的に減少した（図1-4）。こうして原始大気の主成分であった水蒸気は海となり，二酸化炭素は石灰岩となって，残された窒素を主成分とする大気が誕生した。

1.3　生命の誕生と大気の変遷

　38億年前には微惑星（隕石）の落下もおさまって大陸地殻も形成され，地球に生命誕生の準備が整っていた。生命誕生についての議論は多く，未だに真相は不明であるが，海底火山の熱水噴出孔付近で最初の生命が発生したとする説や，宇宙からの隕石や彗星の衝突で地球に最初の生命がもたらされたとする説（パンスペルミア説）などがある。ただし，最

新の調査では，二酸化炭素と窒素から有機物を合成することは困難であるとされる。地球上で最古の地層は，西グリーンランドで発見された38億年前のものである。この地層に生命活動の痕跡があり，生命の誕生は38億年前とされるが，さらなる検証が進められている。今のところ，オーストラリア北西部の35億年前の地層から発見されたフィラメント状の微生物（原核生物）が世界最古の生物の化石とされている。

　約40億年前から25億年前の生命が発生した時代を始生代，それ以降を原生代という。始生代の地球大気には分子状の酸素はほとんど存在しなかった。酸素分子を最初に生み出したのは，27億年前に発生した光合成を行うシアノバクテリア（ラン藻）である。気の遠くなるような長い年月を経て生命体から酸素が放出されると，その酸素は海水中の鉄を酸化し，シアノバクテリアのコロニーとしてストロマトライトを形成し，それが沈殿して縞状鉄鉱層が形成された。細胞に核を持った最初の生物（真核生物）の化石は，この鉄鉱層の中で発見されている。

　原生代前期には世界各地で氷河堆積物が見つかっている。その場所が当時の地球の赤道付近にもあることから，全地球凍結が約22.6億年前に起こったとされる（スノーボールアース仮説）。全地球凍結直後に酸素は急激に大気中に広がり，やがてそれが上空に拡散して，18億年前にはオゾン層が形成されて成層圏と中間圏ができた。この頃の酸素濃度は現在の1/100程度である（図1-4）。オゾン層が紫外線を吸収することで，生物は海から陸地に進出できるようになった。

　全地球凍結（スノーボールアース）は約7億年前にも起こったとされ，その後の約5億年前にはカンブリア爆発と呼ばれる生物の爆発的拡大が見られた。これ以前を先カンブリア紀と呼び，これ以降を生物が現れるという意味で顕生代と呼ぶ。顕生代は古い順に古生代，中生代，新生代に区分される。厚さにするとわずかのオゾン層は，生命にとって有害な

紫外線を遮断し，生存に適した，かけがえのない大気環境を作り出した。生命が生命にとって生息しやすいように地球環境を変遷させてきた過程は実に神秘的なもので，ガイア理論（p.247 参照）の根拠となっている。一方，大気中の二酸化炭素は，生物起源の石炭や石油などに固定され，酸素とは逆にその量が著しく減少した。石灰岩や化石燃料として堆積岩中に含まれる炭素の総量は，現在の二酸化炭素濃度の 10 〜 27 万倍になるといわれている。

　地球大気の変遷は，地球環境に劇的な変化をもたらした。特に二酸化炭素やメタンといった温室効果気体の濃度変化は，地球表面の温度変化に関係している。また，生物が生み出した酸素は，その後の生物進化に大きな影響を与えた。

　地質時代の中で地球上に大規模な氷床（大陸氷河）が存在した寒冷な時代のことを氷河時代と呼ぶ。その反対に，氷床の存在しない時代を無氷河時代という。図 1 - 5 は全地球凍結以降の過去 5 億年の気候変化を推定したものである。4.5 億年前，3 億年前，1.5 億年前，そして 0.5 億年前以降は，極域に氷床が発達した氷河時代である。したがって，現在，

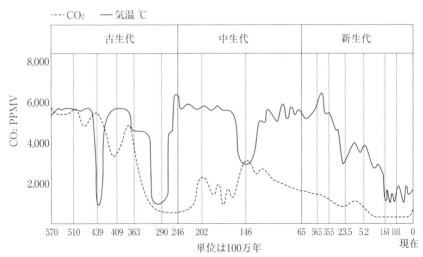

図 1 - 5　全地球凍結以降の過去 5 億年の気温変化（Bezdek 他，1999）[4]

我々の気候は氷河時代の中にある。氷河時代と無氷河時代が起こる原因としては、大気組成の変化、大陸移動による影響、太陽を回る地球軌道の変化の3つの要因が考えられる。

古生代の3.5億年前の石炭紀には、陸上で森林が繁茂するようになり、巨大なシダ植物が繁茂して大量の二酸化炭素が地中に固定された。3億年前に起こった二酸化炭素濃度の減少と酸素濃度の増加（図1-4）は、古生代型動植物の大量絶滅をもたらし、真核生物の進化や大型生物の誕生と深い関係があるとされている。この2.5億年前に生じた大量絶滅が古生代と中生代の境界となる。中生代の二酸化炭素濃度は現在の5倍程度であり、その温和な気候により原始的な針葉樹が繁茂し、ジュラ紀には大型の恐竜が繁栄した（図1-5）。過去には約1億年前の白亜紀のように、極域にさえも氷床のない温暖な無氷河時代が何度もあった。その後、6500万年前には、直径10kmの巨大隕石の落下により大量絶滅が起こり、恐竜やアンモナイトが一斉に姿を消した。この大量絶滅が中生代と新生代の境界となり、生き残った生物の中から哺乳類が繁栄する時代が到来した。新生代はさらに第三紀と第四紀に分けられる。ヒト属が登場する時期が第四紀である。

1.4 氷期と間氷期

新生代に入ると、地球大気の温度は5000万年前から徐々に低下している。約300万年前の鮮新世末期には中央アメリカのパナマ海峡が南アメリカの北上により閉鎖し、カリブ海の温暖な海水が太平洋に流れなくなった。このことは地球規模の寒冷化を促進したと考えられている。全球的な寒冷化が顕著になると、やがて氷期と間氷期の繰り返しが恒常的に現れるようになった。氷河時代の中で、相対的に寒冷な時期が氷期であり、氷期と氷期の間の相対的に温和な時期が間氷期である（図

1 - 6)。

　今から 259 万年前のヒト属の出現からが第四紀と定義されている。第四紀の気候変動の特徴は，氷期と間氷期の寒暖の差が数万年から 10 万年の周期で繰り返されたことである。この原因は，太陽を回る地球の軌道要素の周期的な変動によるものと考えられており，ミランコビッチサイクルと呼ばれる。地球の軌道要素としては，太陽からの距離の変化（軌道離心率），地軸の傾きの変化（傾斜角），地軸の歳差運動の 3 種類があるが，これらが複合して，地球が受ける日射量の変化をもたらしている。特に重要なのは季節変化に影響を与える地軸の傾きの変化である。例えば，北緯 65 度における 7 月の太陽光の入射量は最大で 25％変化する。夏が涼しくなると前の冬に積もった雪が残るようになるので，氷床は拡大する。過去 70 万年では 10 万年周期が卓越していたが，それ以前は 4 万年周期が卓越した（図 1 - 6）。軌道要素の変化は弱いものであるが，氷床の拡大に伴うアイソスタシーの変化（地殻の重さによる層厚変化）を考慮したモデルでは 10 万年周期が再現されるという実験結果がある。氷床量の変動は海水準変動に換算して 130 m にも及ぶものであった。

　図 1 - 7 は過去 42 万年の気温変化と二酸化炭素量の変化のグラフである。最終氷期と呼ばれるヴュルム氷期(1.2 万〜 7 万年)から新しい順に，リス氷期（13 万〜 18 万年），ミンデル氷期（23 万〜 30 万年），ギュンツ氷期（33 万〜 37 万年）のように，それぞれの氷期に名前がつけられている（ドイツ表記）。気温の変動に対応して二酸化炭素量も比例して

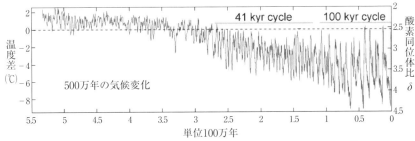

図 1 - 6　過去 550 万年の気温変化（Lisiecki and Raymo, 2005）[5]

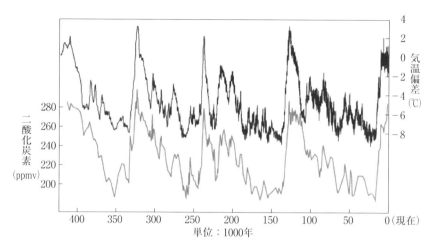

図1-7　過去42万年の気温変化とミランコビッチサイクル
(Barnola 他，2003)[6]

変動していることが分かる。ただし，二酸化炭素は気温変化の振幅に影響を及ぼすものの，気温変化の直接的原因ではなく，むしろ結果であると考えられている。ミランコビッチ仮説によれば，変化要因は日射量の変化，つまり気温の変化が先となる。

　さらに詳しく見ると，およそ1500～3000年の不規則な間隔で，数十年の間に気温が10℃も上昇し，その後数百年寒冷気候が続くという気候変動が何度も生じていたことが分かる。これは研究者の名前をとってダンスガード・オシュガーサイクルと呼ぶ。最終氷期の5万8000年余りの間に25回の急激な気温上昇があったとされる。また，北アメリカ大陸のローレンタイド氷床が100年から500年という短い期間で融解し，北大西洋に冷水を注いだという事例が7000年から1万年ごとに生じたというハインリッヒ・イベントも知られている。

　今からおよそ1万3000年前に，最終氷期を終えて地球が温暖化する

途中に，ヨーロッパが突然寒冷化する出来事が発生し，この寒冷期が
1000 年間ほど続いた。この期間をヤンガー・ドリアス期と呼ぶ。これ
が終了した 1 万 1700 年前以降が完新世である。この突然の寒冷化は，
衰退していたローレンタイド氷床の融氷した水の流れが，それまでのミ
シシッピ川からセントローレンス川に変化したために，北大西洋に大量
の淡冷水が供給され，海洋大循環が停止したためであるとされている。
完新世以降の近年の数十年から数百年のタイムスケールの気候変動につ
いては第 15 章で扱うことにする。

　以上見てきたように，地球の大気は，46 億年前の地球の誕生に始ま
る壮大なドラマを経て作られてきたものである。太陽系の 8 つの惑星の
中で，地球は太陽からの適度な距離と適度な重力に恵まれたため，原始
大気に含まれていた水蒸気が失われることなく，液体の海が形成された。
海の存在のために，原始大気に含まれていた二酸化炭素はその大部分が
炭酸カルシウムとして固定され，やがて海が育んだ生命の誕生と植物の
光合成により，現在の窒素 78％と酸素 21％を主成分とする大気が形成
された。酸素の一部は成層圏に拡散し，太陽の強い紫外線を受けてオゾ
ンとなり，生命を有害な紫外線から守る働きをしている。現在，私たち
が当然のものとしてその恩恵を享受している地球の大気や環境が，いか
に希有で幸運な過程の連続を経て作られた，かけがえのないものである
かが分かっていただけたことと思う。

研究課題

1)　地球には酸素やオゾン層があるのに，他の惑星にはそれがない理由
　を考えてみよう。
2)　氷期と間氷期が繰り返された説明としてミランコビッチサイクルを

24

考えた時，気温の変化に対応して二酸化炭素も同様に変化したが，どちらが先に変化したのかを考えてみよう。

引用文献

1) 木村龍治・新野宏（2010）『身近な気象学』放送大学教育振興会，231pp.
2) 森本雅樹・天野一男・黒田武彦・他（2014）『地学基礎』実教出版，191pp.
3) 平成 26 年度センター入試問題（2015）「理科総合 B」，p.42, https://www.dnc.ac.jp/albums/abm.php?f=abm00003023.pdf&n=20140409_26rikasougou_b.pdf.
4) Bezdek, R., Idso, C. D, Legates, D., and Singer, S. F. (eds.) (2019): *Climate Change Reconsidered II : Fossil Fuels*. Nongovernmental International Panel on Climate Change (NIPCC). Arlington Heights, Illinois : The Heartland Institute. http://ClimateChangeReconsidered.org/.
5) Lisiecki, L. E. and Raymo, M. E. (2005): Pliocene-Pleistocene stack of globally distributed benthic stable oxygen isotope records. *PANGAEA*, https://doi.org/10.1594/PANGAEA.704257.
6) Barnola, J.-M., Raynaud, D., Lorius, C. and Barkov, N. I. (2003): Historical CO_2 record from the Vostok ice core. In Trends: A Compendium of Data on Global Change. Carbon Dioxide Information Analysis Center, Oak Ridge National Laboratory, U.S. Department of Energy, Oak Ridge, Tenn., U.S.A.

2 | 地球大気の鉛直構造と 気温の南北分布

田中　博

《**学習のポイント**》　地球大気は気温の鉛直分布により，下層から対流圏，成層圏，中間圏，熱圏に区分される。大気の組成を調べると，その約99％は窒素と酸素で占められていて，高度約80 kmの中間圏まではほぼ均質大気となっている。ただし，水蒸気は大気下層の対流圏に集中し，下部成層圏にはオゾン層が偏在する。本章では，他の惑星の気温分布と比較しながら，地球大気の特徴について学ぶ。

《**キーワード**》　気温の鉛直変化，オーロラ，大気組成，乾燥断熱減率，気圧，放射，アルベド

2.1　大気の鉛直構造

　地球大気の鉛直構造は，気温の鉛直プロファイルにより，下層から対流圏・成層圏・中間圏・熱圏のように区分される（図2 - 1）。

　地上気温は平均すると約15℃であるが，地上付近の大気の温度は高さとともに1 kmにつき約6.5℃の割合で低下し，高さ約11 kmで極小となる。この気層を対流圏と呼び，その上端を対流圏界面（または，単に圏界面）という。

　対流圏の上には，気温が一定か，または高さとともに上昇する気層が約50 kmの高さまで続いている。この気層を成層圏と呼ぶ。

　成層圏の上には，気温が高さとともに低下する気層が再び約80 kmの高さまで続いていて，これを中間圏という。

26

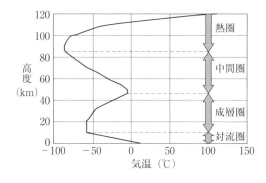

図2-1 気温の鉛直プロファイル（木村・新野，2010）[1]

　中間圏の上には気温が高さとともに上昇する熱圏がある。ここでは，窒素・酸素・ヘリウム・水素などが紫外線やX線などの太陽放射により電離したプラズマ状態で存在し，重いガスから軽いガスへと非均質な成層をなし，電離層を形成している。例えば，酸素分子が太陽の紫外線で酸素原子に分解する現象は解離と呼ばれるが，さらに強烈な紫外線やX線にさらされることで，酸素原子の周りを回っている電子が外に飛び出して自由に動き回るような状態をプラズマ状態という。個々の酸素原子と電子は電離しているが，空間を埋め尽くす気体全体としては電気的に中和している状態である。太陽表面の高熱状態もプラズマ状態である。熱圏ではこれらの電離した気体が太陽放射を吸収して加熱されるため，昼になると温度は急激に高くなり，逆に，夜間の温度は低下する。熱圏の気体は電離してプラズマ状態の電離層を形成している。電離層をなす熱圏は超高層大気と呼んで，主にプラズマ物理学の研究対象であり，気象学の直接的な研究対象とはならない。

2.2　オーロラ

　太陽活動が活発になると，太陽表面ではフレアーと呼ばれる爆発が起こり，吹き付ける太陽風と地球磁場の相互作用で発電が起こり，磁力線

に沿って極域の超高層大気に電流が流れる。この高度に電流が流れると，気体がプラズマとなって放電が起こり，オーロラが見られる。ここで，太陽風とはフレアーなどの太陽表面での爆発で飛び出してくる電離した原子や電子の粒子のことである。太陽から飛んでくる荷電粒子が地球磁場の中を運動すると，磁力線に沿って電流が流れるが，これは一種の発電機といえる。地球磁場はドーナツ型をしたバンアレン帯を形成し，その帯の外壁が北極圏と南極圏に突き刺さる構造をしている。この発電機により作られた電流が磁力線に沿って地球大気に流れ込む領域は，緯度70度付近のリング状の領域に限られるため，オーロラは極圏を取り巻く環のように分布して発生する。この領域をオーロラオーバルと呼ぶ（図2-2）。北極圏と南極圏の2か所に存在し，同じ時に同じ形のオーロラが北極と南極で同時に現れることがある。

　このオーロラオーバルの位置には明瞭な日変化があり，昼には北緯80度あたりで安定して存在し，夕方から深夜にかけて北緯65度あたりまで南下し，夜半過ぎには不安定化して渦を巻くように乱れ散ることがある。したがって，地上から見ると，夕方から深夜にかけてカーテン状の幾重ものオーロラが北の空から南に向かって移動し，夜半過ぎに天頂で乱れる際には，全天を光の渦が覆うようになる。これをオーロラ爆発と呼ぶ。太陽活動によりオーロラの規模に大小の差が生じるが，地上で

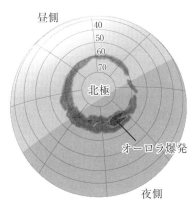

図2-2　オーロラが現れる極域のオーロラオーバル（口絵写真参照）

28

の電場の乱れなどの観測によれば，年間で約200日はオーロラが発生している。

オーロラの色のほとんどは，酸素原子に電流が流れる際の放電現象で観察される緑白色である。オーロラが活発になると，緑白色のカーテンの下端で窒素分子の放電現象によるピンク色の発光が見られる。また，カーテン上部にはエネルギー準位の異なる窒素分子からの紫色放電が見られる。太陽活動が最も活発な時期には，400 kmの高度に酸素原子による暗赤色放電が見られることがある。例えば北海道のような極地以外の場所でオーロラが見られる場合，この暗赤色のカーテンの上部が北の地平線の上に見られる。

オーロラ形成には磁場と大気が必要である。太陽系内の他の地球型惑星について見ると，水星には磁場があるが，大気がないのでオーロラはない。金星には厚い大気があるが，磁場がないためオーロラは存在しない。火星も同様に大気はあるが，磁場がないのでオーロラはない。地球型惑星でオーロラが見られるのは地球だけである。一方，木星には大気と磁場があるので，望遠鏡で木星を観測すると両極にリング状のオーロラを見つけることができる。ただし，大気の組成は主にアンモニアであるため，アンモニアの放電現象で観察されるピンク色が主で，地球のような酸素による緑白色のオーロラを見ることはない。土星や天王星，海王星についても同様である。

今日では太陽系外惑星の観測が進んでいるが，もし分光観測により系外惑星に緑白色のオーロラが観測されたら，それは大発見となるであろう。なぜならば，その惑星に酸素があり，生命体の存在が期待されるからである。地球大気の緑白色のオーロラは，地球上で生産された酸素が超高層大気まで拡散した結果，発生するもので，その色は地球に生命体があるから見られるのである。言い換えれば，未知の系外惑星に住む宇

宙人が，もし地球大気の緑白色のオーロラを観測したならば，地球上に
生命がいることを察知するに違いない。

2.3　オゾン層

　地球大気に話を戻そう。海面高度の気圧は平均すると 1013 hPa，密
度は 1.2 kgm^{-3} であり，これらは高さとともに指数関数的に減少する。
中間圏上部での気圧は約 10^{-3} hPa（地上の 10^6 分の1）となり，ほぼ真
空に近い。気象学で取り扱われる大気はせいぜいこの中間圏の高度まで
である。

　成層圏や中間圏では，赤道から両極域に向かう緩やかな熱循環（ブ
リューワー・ドブソン循環という）がある。この循環により中間圏以下
の大気では対流混合が生じ，その組成がほぼ均質になっている。具体的
には表2-1のように，窒素 78.08％，酸素 20.95％，アルゴン 0.93％，
二酸化炭素 0.03％，その他 0.01％である。したがって，対流圏から中間
圏までの層は均質大気と呼ばれている。ただし，水蒸気は対流圏の下層
に集中し，体積にして約1％を占める。また，オゾン層は下部成層圏に
集中する。

　オゾン層は成層圏に存在するといわれるが，因果関係を考えると実は，
オゾン層が存在するからそこに成層圏ができるというのが正しい。上空

表2-1　太陽系の惑星の大気組成[*]（木村・新野，2010）[1]

	水星	金星	地球	火星	木星	土星	天王星	海王星
水素					89	96	85	81
ヘリウム					11	4	15	18
メタン					0.2	0.50	0.6	1.6
水蒸気		0.14	0.1 ～ 2.8	0.03	10^{-4}			
窒素		3.4	78	2.7				
酸素		0.0069	21	0.13				
二酸化炭素		96	0.035	95				
アルゴン		0.0019	0.93	1.6				
気圧	0	90	1	0.006				

[*] 大気組成の単位は％。

にゆくに従い空気密度が減少すると，この高さでオゾン層が太陽放射の特に紫外線を吸収するようになる。つまり，オゾン層の存在によりこの気層の温度が上昇し，成層圏と中間圏が形成されるのである。したがって，もしオゾン層がなかったとすると，高度 50 km 付近の比較的高温な領域がなくなり，対流圏は高度約 50 km にも達すると考えられる。たとえて言えば，夕立をもたらす積乱雲が，ピナツボ火山噴火のように毎日高度 50 km にまで達する，ということになる。地球上に生命が誕生する以前の大気には酸素がなく，したがってオゾン層もなかった。

　地球大気を他の惑星大気と比べてみると，この成層圏から中間圏にかけての高温域があるのは地球だけであり，他の惑星には見られない特徴であることが分かる。金星大気の地表温度は 750 K で，上空 100 km まで乾燥断熱減率（2.5 節参照）に従い 200 K 程度まで低下し，その上空で温度が上昇する。対流圏の厚さが 70 km にも及び，圏界面には H_2SO_4 の雲が大気を覆っている（図 2 - 3(a)）。火星大気の地表温度は 250 K で，上空 100 km で 150 K 程度まで低下し，その上空で温度が上昇する。大気には氷の氷晶とドライアイスの氷晶，そして巻き上げられたダストが存在し，これらが大気中層で太陽放射を吸収することから，観測される気温減率は緩やかである（図 2 - 3 (b)）。

　木星型惑星の場合，地表を観測することはできないが，気温が最低となる高度を基準とすると，下層に対流圏があり，ほぼ断熱減率に従う気温の鉛直分布があり，上層に成層圏と名づけられた安定成層があるが，これは地球大気の熱圏に相当する（図 2 - 4）。これらの惑星大気の気温の鉛直構造と比較すると，地球大気にだけオゾン層の加熱に伴う気温の高い成層圏と中間圏のでっぱりがあることが分かる。つまり，この中層のでっぱりは，地球にだけ生命体が存在するためであり，その生命体によって 30 億年かけて形成された特徴であることが分かる。

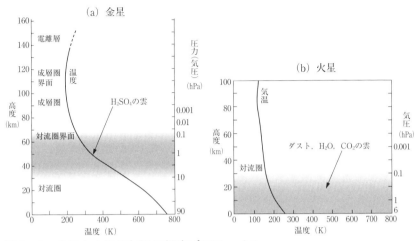

図2-3 金星と火星の気温の鉛直プロファイル

2.4 気圧の鉛直変化

次に, 気圧の鉛直分布を見てみよう。気圧はどの惑星においても高さ
とともに減少するという基本的な特徴がある。詳しい説明は第4章で行
うが, ここでは, その物理的なメカニズムを考察してみる。

気圧とは単位面積あたり (メートル単位でいえば1平方メートル) の
空気の重さのことである。地表付近の気圧は約 1013 hPa であるが, 水
銀柱でいえば 76 cmHg となり, 76 cm の水銀柱の重さが気圧に等しい。
これを1気圧とも呼ぶ。この hPa という単位に含まれる接頭語の h は
ヘクトつまり 100 という意味なので, 地上の気圧は 10^5 Pa という単位
になる。ここで Pa (パスカル) は気圧の単位で, 単位面積にかかる力
F のことである。力の単位はニュートン (N) である。重力加速度を g,
質量を m とすると, $F = mg$ という重さ (単位はキログラム重という)
になる。つまり, 面積が1平方メートル (家庭のお風呂くらい) に水銀

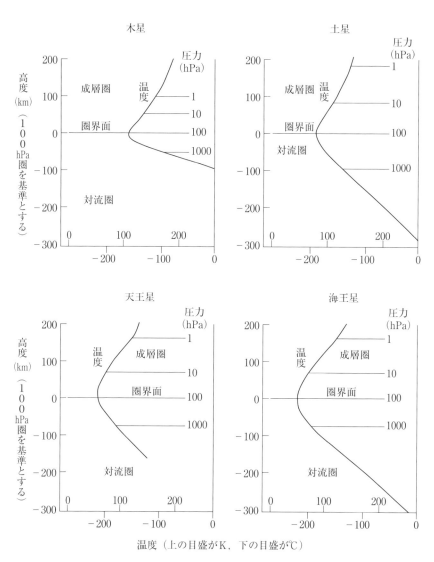

図 2 - 4　木星型惑星の気温の鉛直プロファイル

76 cm を入れた時の重さの総量が 1 気圧という大気の圧力となる。大変重いという印象を受けるであろう（図 2 - 5）。

　同様の例として，例えば水深 10 m では気圧が 1 気圧上昇する。1 m² の面積で 10 m の高さの水の重さは 76 cm の水銀の重さと等しく，この重さが 1 気圧という大気の圧力に等しい。つまり大気には 10 m の水深と同じ質量の空気が頭の上にあるということである。水深 10 m の水とは 10 トンの重さを持つので，10 トンの空気が地表から無限の高さの鉛直コラムの総量であることが分かる。10 トンの質量に重力加速度 g をかけると 10^5 Pa という気圧になる。これは地上気圧に等しい。

　地表付近の空気の密度を測定してみると，約 1.2 kgm⁻³ という数値になる。水深 1 m のお風呂（面積 1 m²）の中に 1.2 kg の質量の空気がある。もし，この密度が上空まで一定であったとすると，約 8000 m の厚さの空気の重さが 10 トンとなり，その上に真空の宇宙がくることになる。密度を一定と考えたこの仮想的な大気（等密度大気という）の場合の気圧は高さに比例して減少し，8000 m でゼロとなる。実際には密度は一定ではなく，高さとともに指数関数的に減少するので，気圧も高さとともに指数関数的に減少する。その仕組みを単位面積の鉛直コラムの大気で考えてみよう。

　厚さ $\Delta z = 1$ m の大気には 1.2 kg の空気があるので，上下の気圧差は

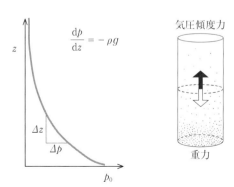

気圧は 16 km で 1 / 10 になる

図 2 - 5　気圧の鉛直変化
（田中，2007）[3]

$\Delta p =$ 密度$\times g \times \Delta z$ となり，下面より上面の気圧がΔpだけ下がる。等密度大気ならば，厚さに比例して気圧が下がるが，気温が一定の場合，密度は気圧に比例して減少する。これは理想気体の状態方程式と呼ばれる法則である。よって，気圧の減り具合は気圧が低くなるにつれて緩やかになり，気圧は高さとともに指数関数的に減少するのである。地球大気の場合，高さが16 km ごとに気圧が1/10 に減少する。したがって，地表が約1000 hPa の時，16 km で気圧は100 hPa，32 km で10 hPa，48 km で1 hPa のように指数関数的に減少する。気温が一定の場合には密度は気圧と比例するので，近似的に密度も16 km ごとに1/10 に指数関数的に減少する（図2−5）。金星の地上気圧は90気圧，火星の地上気圧は0.006気圧であるが，どちらも指数関数的に減少するという特徴は共通して見られる。ただし，温度と大気組成が違うので，その減率は地球とは異なる値となる。

2.5 気温の鉛直変化

地球や他の惑星の気温の鉛直分布を調べた時に，加熱が無視できる層では気温は高さとともに減少するという特徴がどの惑星においても見られる。詳しい説明は第10章で行うが，ここでは，この気温減率のメカニズムを考えてみよう。そのためには，空気塊が持つエネルギーの保存則に注目する必要がある。

高さz (m) にある質量m (kg) の空気塊はmgzという位置エネルギーを持つ。ここでgは重力加速度であり，9.8 (ms^{-2}) という値を持つ。一方で，温度T (K)，質量m (kg) の空気塊はmcTという熱エネルギーを持つ。ここでcは比熱であり，ここでは気圧一定の条件で空気塊に熱を加えた時の温度上昇率を表した比例定数とする。気圧一定の条件を与えたのでcは定圧比熱と呼ばれ，1005 (Jkg^{-1}K^{-1}) という値を持つ。

つまり，1 kg の空気塊の温度を 1 K 上げるのに，1005 J（ジュール）の
エネルギーが必要である。単位質量（1 kg）の空気塊が持つ位置エネル
ギーは gz となり，熱エネルギーは cT となる。気象学では cT を顕熱と
呼ぶ。

　以上の熱力学に関する基礎知識の準備のもとで，気温が高さとともに
どのように変化するのかを考察してみよう（図2-6）。もし，空気塊に
放射加熱などの熱の出入りがないとすると，空気塊の位置エネルギーと
顕熱エネルギーの和が保存される，という法則がある。これは乾燥静的
エネルギーの保存則である。加熱がないという条件は断熱過程と表現さ
れる。つまり，断熱過程では乾燥静的エネルギー E が保存されるとい
う物理法則が空気塊に課せられる。この制約により，断熱過程では
$E = gz + cT$ が一定でなければならない。この条件から気温の鉛直変化
$\Delta T/\Delta z$ を求めると，気温は高さとともに g/c の割合で低下することに
なる（図2-6参照）。よって，はじめに高さ0にあった温度 T_0 の空気
塊を高さ z まで持ち上げると，気温は $T = T_0 - (g/c)z$ となる。この式
から，気温が低下するこの g/c の割合のことを乾燥断熱減率といい，通
常ギリシャ文字の Γ で表す。具体的には g/c は重力加速度と定圧比熱の
割合なので，9.8/1005（Km^{-1}）という値になる。つまり，1005 m 上昇
すると，温度は9.8℃低下する。近似的には 1 km で 10℃気温が下がる。

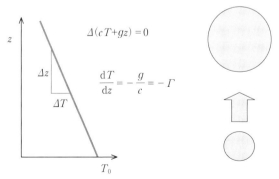

断熱過程では顕熱と位置エネルギーの和が保存される

**図2-6　気温の乾燥
断熱減率**

これが乾燥断熱減率である。熱の出入りがない条件で空気塊を z だけ上昇させると，位置エネルギーは gz だけ増加する。ところが，エネルギー保存則によりその分だけ顕熱エネルギー cT が減らなければならないため，1 km で 10 ℃ という乾燥断熱減率で気温は低下するのである。

　乾燥断熱減率が分かったところで，もう一度地球大気の気温の鉛直構造を見てみよう。太陽放射で地表付近が加熱され，そこでの温度が上昇すると，対流が起こり，空気塊が上昇する。上昇する空気塊の温度はほぼ乾燥断熱減率に従って低下する。これが活発な対流が起こる対流圏で，気温が高さとともに減少するメカニズムである。加熱されるのは地表であり，空気塊が熱エネルギーをもらって上昇する対流のプロセスは断熱過程で近似できる。

　上昇する空気が水蒸気を含む時は，気温の低下により水蒸気が凝結し，凝結の潜熱を放出する。凝結が起これば断熱の仮定が破られ，上昇に伴い加熱されるので，この場合，湿潤断熱減率と呼ばれる 1 km で 5 ℃ 程度の気温減率となる。このプロセスでは乾燥静的エネルギーに潜熱エネルギーを加えた湿潤静的エネルギーが保存されるという新たな物理法則が適用される。

　実際の大気は水蒸気の凝結を伴う場合も含まれるので，観測によると，乾燥断熱減率と湿潤断熱減率の間の 1 km で 6.5 ℃ 程度の気温減率となる。積雲対流の下降流域で生じる放射冷却を考慮すると，気温減率が広域で 6.5 ℃ になるとの仮説があるが，詳しいことは分かっていない。湿潤空気については第 7 章で詳しく説明される。

　一方，成層圏ではオゾン層が太陽放射のエネルギーを吸収して，大気を加熱するため，高さとともに温度が上昇する。ここでは断熱の仮定が成り立たず，放射加熱によって気温の鉛直分布が決定している。上層に加熱があり，大気は安定のため対流が生じにくい。成層圏の温度は，夏

季に白夜となり 24 時間加熱が起こる極域で最も高くなる。一方，冬季に極夜となり，24 時間放射冷却にさらされる極域で最も気温が低くなる。

　これに対し，中間圏ではオゾン層の加熱の影響がなくなるため，下層の成層圏で加熱されて対流が生じ，対流圏と同様にほぼ乾燥断熱減率に従った気温の鉛直分布となる。さらに熱圏まで上がると，酸素や窒素などのオゾン以外の気体が太陽放射のエネルギーを吸収して温度が上昇する。

　以上述べた地球大気の気温の鉛直分布を他の惑星の鉛直分布と比較すると，他の惑星でも下層に加熱があり，対流が生じている領域で，乾燥断熱減率に従った気温の鉛直構造が見られる。ただし，重力加速度や大気組成が地球と異なるため（表 2 - 1），乾燥断熱減率（g/c）の値は地球と異なるが，位置エネルギーと顕熱エネルギーの和が保存されるという法則に基づいて算出された理論値にほぼ等しい気温減率となっている。

2.6　気温の南北分布

　上で述べた気温の鉛直分布は，全球で平均したものであるが，今度はそれの緯度変化に注目してみよう。地球が球形をしていることから，地表面が受け取る太陽放射は高緯度になるにつれて減少する。太陽が赤道上空にやってくる春分や秋分では，赤道において 1370 W/m^2 という太陽定数（第 3 章で説明）と同じ太陽放射が大気上端に降り注ぎ，その太陽放射強度は緯度のコサインに比例して減少し，北極点と南極点でゼロになる。地球の自転による昼と夜の放射強度の変化を積算すると，日平均値は赤道で 400（W/m^2）程度となる。地表に吸収される太陽放射を求める際には，領域ごとのアルベド（大気の反射率）の値を考慮する必

要がある。斜めに当たる日射は地表面で反射されやすくなるので，雪氷圏の影響も加わって高緯度ほどアルベドの値が大きい（図2-7（b））。

　図2-7（a）は，観測から求めた，緯度別の地表面が吸収する太陽放射エネルギーと，地球から宇宙に向かって放射される地球放射エネルギーの緯度分布である。太陽放射エネルギーは低緯度ほど大きいが，赤道付近では熱帯収束帯の雲による反射の影響で，放射量が低下する領域が見られる。地球放射と比較すると，低緯度では太陽放射が地球放射を上回り，正味の加熱となっているのに対し，高緯度では入ってくる太陽放射よりも大きな地球放射が生じていて正味の冷却域となっている。気温の低い高緯度で放射冷却が卓越する理由については，第3章で大気大循環による熱輸送との関係を考慮して説明される。

　以上は加熱と冷却の南北分布の特徴であるが，このような放射過程と大気大循環の結果，観測的に得られる気温を緯度と高度の関数として表示すると図2-8のようになる。中央が赤道で，右半分を冬半球，左半分を夏半球として表示したものである。等値線で示された温度の値は，それぞれの緯度圏に沿って東西に平均した値である。今後はそれを帯状平均と呼ぶ。地上気温は赤道付近で約300 K，夏半球の極で270 K，冬

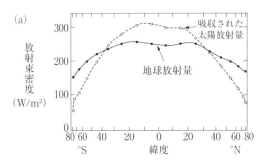

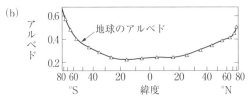

図2-7　太陽放射と地球放射，アルベド値の緯度変化（Vonder Haar and Suomi (1969)[4] を木村・新野 (2010)[1] が改変したもの）

半球の極で 250 K となっている。

　対流圏では対流による鉛直混合が頻繁に起こり，気温は赤道付近も極域もほぼ乾燥断熱減率に従い，高さとともに低下する。ただし，赤道付近のハドレー循環（第4章で説明）は，上昇気流を強化して熱循環を行うため，対流圏界面は 15 km 付近まで押し上げられている。そのため，圏界付近の気温は 200 K 以下にまで低下する。ハドレー循環が終わる緯度 30 度付近では，圏界面の押し上げ効果がなくなるため，圏界面は不連続的に 10 km 付近まで低下する。極域では下降流が卓越するため，圏界面はさらに下がって 8 km 程度になる。したがって，対流圏界面で最も気温が低いのは熱帯上空になる。

　成層圏ではオゾン層の影響で気温が高度とともに上昇するが，夏半球の緯度 66.6 度より高緯度では，夏至前後に白夜となって一日中太陽放射により加熱を受けるため，気温が上昇し，成層圏界面では 290 K にまで達する。その逆に，冬半球の緯度 66.6 度より高緯度では，冬至前後に極夜（白夜の反対）となり，一日中太陽放射による加熱がなく放射冷

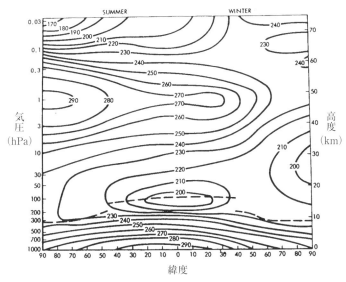

図 2 - 8　気温の緯度鉛直断面の分布（Holton, 1975）[5]

40

却が卓越するため，気温は 200 K 以下にまで下がる。太陽放射がなく，ひたすら赤外放射による冷却が続いたとしたら，放射平衡温度は 0 K となるところであるが，実際には半年前の白夜の際に蓄積された熱が熱慣性として残ることと，極循環による下降流が断熱変化で空気塊の温度を上げるため，200 K 程度となっている。夏半球の極から冬半球の極に向かってほぼ一様に温度が下がるという成層圏の温度分布は，赤道付近が最も高温で両極域が低温となる対流圏の気温分布と著しく異なっている。

中間圏ではオゾン層による加熱効果が減少し，気温は再びほぼ乾燥断熱減率に従って低下するようになる。対流圏から鉛直伝播してくる重力波（山岳波などの重力を復元力とする大気中の波）が中間圏で砕波するため，空気は鉛直に混合され，乾燥断熱減率に近い気温減率となる。

研究課題

1) 成層圏にオゾン層がなかったら，気温の鉛直構造がどのようになるかを推測し，他の地球型惑星や木星型惑星の気温の鉛直構造と比較してみよう。
2) 対流圏では気温が高さとともに減少する。成層圏では気温が高さとともに上昇する。どうしてそうなるのかを考えてみよう。

引用文献

1) 木村龍治・新野宏（2010）『身近な気象学』放送大学教育振興会, 231pp.
2) Stern, David P.（2006）: Recollections of Space Research. http://www-spof.gsfc.nasa.gov/Education/AnahuacTalk.htm.

3)　田中博（2007）『偏西風の気象学』成山堂書店 , 177pp.

4)　Vonder Haar, T. H. and Suomi, V. E. (1969): Satellite observation of the Earth's radiation budget. *Science*, 163, pp.667-669.

5)　Holton, J. R. (1975): *The dynamic meteorology of the stratosphere and mesosphere*. Fig. 1.1, p.4, Chapter 1. METEOR, Volume 15, American Meteorological Society, 225pp.

　　Murgatroyd, R. J., (1969a): The structure and dynamics of the stratosphere. *The Global Circulation of the Atmosphere*. G. A. Corby, ed., London, Roy. Meteor. Soc., pp.159-195.

　　Fig. 1 (a) , p.160, *The Global Circulation of the Atmosphere* by Corby, G. A., © Royal Meteorological Society.

　　Original source for the data used in the figure;

　　Goldie, N., Moore, J. G., Austin, E. E. (1958): *Upper Air Temperatures over the World*. Met Office, Geophysical Memoirs, No. 101, London, HM Stationary Office.

　　Rodgers, C. D. (1967): *The Radiative Heat Budget of the Troposphere and Lower Stratosphere*. Planetary Circulations Project, Rep. No. 42, MIT Dept. Met.

3 | 太陽放射と熱のバランス

田中　博

《**学習のポイント**》　太陽放射は地球上で起こるすべての大気現象のエネルギー源となっている。一方，太陽放射により暖められた地球は，宇宙空間に向かって赤外線を放射して冷えることで，地球の温度をほぼ一定に保っている。これを地球放射という。本章では，太陽放射と地球放射のエネルギーバランスから導かれる放射平衡温度や温室効果について学ぶ。

《**キーワード**》　太陽放射，地球放射，放射スペクトル，熱収支，温室効果，放射平衡温度

3.1　太陽放射と地球放射

　太陽放射とは表面温度 5800 K の太陽表面から放射される電磁波のことである。放射エネルギーは距離の 2 乗に反比例して減衰する。地球に到達する太陽放射のエネルギーの強度は，$S = 1370 \ \text{W/m}^2$ であり，これを太陽定数という。これは単位面積（1 m^2 のこと）あたり，1 秒間に 1370 ジュール（J）のエネルギーが放射される強度である。単位時間（1 秒のこと）に流れるエネルギー量はワット（W）で表される。一般に，単位時間に単位面積を通過する任意の物理量のことをフラックス(流束)という。

　例えば，家庭で普通に用いられるヘアードライヤーが1370 ワット(W)のものだとして，これを 1 m^2 の面積のバスタオルに吹きかけるような加熱が太陽定数である。確かに，1 m 先からドライヤーで顔に熱風を吹

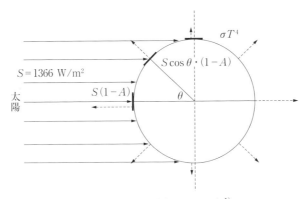

図3−1　太陽放射と地球放射（木村・新野，2010）[1]

き付けた時の暖かさは，太陽放射を浴びている時の顔の感触に近い。このような加熱が地球全体の面積（πR^2，ここで R は地球の半径）に対して照射されるので，単位時間に地球が太陽から受け取るエネルギーの総量は 175 PJ となる。ここで，P（ペタ）は 10^{15} を表す。これだけの太陽放射エネルギーで地球は加熱されていることになる（図3−1）。この 1 PW のエネルギーは，1 機あたり 100 万 kW の原発に換算すると，100 万機の原発に相当する。

　仮に地球の温度がはじめは絶対 0 度であったとすると，太陽放射を受けて地球は暖まり，温度が上昇する。すると，地球の温度 T の 4 乗に比例した赤外放射が地球から宇宙空間に向けて放射され，地球は冷えようとする。温度の 4 乗に比例するので，地球の温度が上昇するにつれて冷却率は急増する。これはステファン・ボルツマンの法則といわれるもので，温度 T（K）の物体（黒体）からの単位面積あたりの放射エネルギー E（W/m²）は $E = \sigma T^4$ で表されるという法則である。ここで，σ はステファン・ボルツマン定数（$5.67 \times 10^{-8}\,\mathrm{Wm^{-2}K^{-4}}$）と呼ばれる。

　地球から宇宙に向かう赤外放射のことを地球放射という。一定の太陽

放射 S に対して，地球の温度 T が上昇すると，温度の 4 乗で冷却が強まることから，ある一定の温度に達した時に，加熱と冷却が等しくなり，熱的に平衡状態となる。この時の温度を放射平衡温度という。

　地球の放射平衡温度を計算する際には，地球が太陽放射をどれだけ反射するかという反射率 A（これをアルベドという）を考慮する必要がある。人工衛星から地球を観測すると，雪氷圏や雲で覆われた領域は太陽放射を 90% 近く反射する一方で，海の反射率は 10% 程度である。地球全体で平均すると，地球は太陽放射の 30% を反射している（つまり，$A = 0.3$）。これをプラネタリーアルベドという。また，A が反射率なので，吸収率は $1-A$ となる。放射平衡では地球に吸収される太陽放射エネルギーと，地球が宇宙空間に放つ地球放射エネルギーがつりあうので，それぞれの正味のフラックスに面積をかけたものが等しい。つまり，

$$S(1-A) \cdot \pi R^2 = \sigma T^4 \cdot 4\pi R^2$$

という関係が成り立つ。太陽は十分に遠いので，地球が受け取る太陽放射の面積は平面となり，πR^2 で表されるのに対し，地球から宇宙に向かう地球放射には，地球の表面積 $4\pi R^2$ がかけられている。この関係式から温度 T を求めると，$T = 255\,\mathrm{K}\,(= -18\,℃)$ となる。これが地球の放射平衡温度である。実際の地球表面の平均温度は約 15℃ なので，放射平衡温度よりも 33℃ 高い。この差は，大気の温室効果によるものであるが，放射平衡温度は地球の温度の第一近似として，天文学的考察から決定することができる。

　地球の放射平衡温度が計算できたので，他の惑星についても放射平衡温度を計算してみた結果を表 3 − 1 に示した。大気がない水星や大気が希薄な火星では，昼夜の温度差が非常に大きいので，その変動幅も示してある。また，地表面が存在しない木星より外側の惑星では，雲の表面

表3-1　太陽系の惑星の表面温度（木村・新野，2010）[1]

	水星	金星	地球	火星	木星	土星	天王星	海王星
太陽からの距離[*1]	0.387	0.723	1.000	1.524	5.203	9.555	19.22	30.11
表面温度[*2]	440 K（90 ～ 700 K）	740 K	288 K	210 K（130 ～ 290 K）	120 K[*3]	88 K[*3]	59 K[*3]	48 K[*3]
有効放射温度	440 K	224 K	255 K	216 K	124 K[*4]	95 K[*4]	59 K[*4]	59 K[*4]

[*1] 地球と太陽の平均距離を1として測ってある。
[*2] 表面温度は絶対温度（＝摂氏温度＋273.15 K）による。
[*3] 雲の表面温度あるいは1気圧の高度の温度（NASA Jet Proplusion Laboratory[2]による）。
[*4] 惑星内部からの加熱も考慮した有効放射温度（Ingersoll, 1990[3]による）。

温度，あるいは気圧が1気圧となる高度の温度を示してある。金星の放射平衡温度は224 K で地球の255 K よりも低いのは，金星のアルベドが大きいことによる。明けの明星や宵の明星として明るく輝く金星は，太陽放射の多くを反射する惑星である。火星の放射平衡温度は216 K と低いが，温室効果を巧みに作り出すことができれば，人が住める常温に近づけることも可能な温度である。

3.2　放射エネルギースペクトル

　太陽の光はプリズムを用いて分光すると，紫，藍，青，緑，黄，橙，赤と7色に分かれる。紫の波長は0.4 μm 程度，赤の波長は0.7 μm 程度であり，最も明るく感じる緑が0.57 μm 程度である。ミクロ（μ）は 10^{-6} を表す記号である。人の目で見ることのできる0.35 ～ 0.80 μm の波長帯を可視光線という。それより波長の短い紫の外側には目に見えない紫外線があり，それより波長の長い赤の外側には目に見えない赤外線がある。

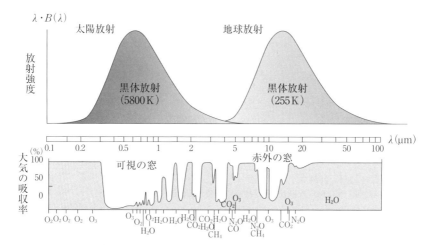

図 3-2　短波放射と長波放射のスペクトルと，大気の吸収率
(Goody and Yung, 1995)[4]

　太陽放射エネルギーの放射強度を電磁波の波長別に表したものを光
(電磁波) のスペクトルという (図 3-2)。太陽放射エネルギーのスペ
クトルを見ると，可視光線領域に放射強度のピークが見られる山形の分
布をしている。これは太陽表面が約 5800 K であることから，5800 K の
物体の黒体放射という理論的なスペクトルとして説明できる。波の波長
を λ とすると，絶対温度 T の黒体から山形の分布を示す放射スペクト
ル $B(λ, T)$ を理論的に示したのがプランクの法則である。ここで，黒
体とは，すべての波長で波のエネルギーを吸収するため，黒く見える理
論的な物体である。

　キルヒホッフの法則によると，吸収率と放射率は等しいため，すべて
の波長の波を完全に吸収する黒体は，すべての波長でプランクの法則に
従う放射をする。この法則から，放射の強さが最も強くなる波長 λ は，λ・
$T = 2897$ μmK で与えられ，スペクトルピークの波長が絶対温度 T に

反比例することが導かれる。これがウィーンの変位則である。この変位則によると，表面温度が 5800 K の太陽放射は 0.5 μm にピークがあり，人の可視光線に最大強度があることが分かる。これは偶然ではなく，生命体の進化においてこの波長を可視領域に選んだものが生き延びたと考えられる。また，表面温度が約 255 K の地球放射は 11 μm の赤外領域に最大強度がある。太陽放射と地球放射のスペクトルを比較すると，太陽放射の波長は短く，地球放射の波長は長いことから，前者を短波放射，後者を長波放射と呼んで区別する。

　プランクの法則を用いて，ある温度 T に対しすべての波長で積分した放射強度を計算すると，$E = \sigma T^4$ で表されるステファン・ボルツマンの法則が導かれる。太陽の温度 5800 K は地球の温度 255 K の 20 倍高いので，ステファン・ボルツマンの法則によると，太陽の放射強度は地球の放射強度の 16 万倍も強いことが分かる。図 3–2 では短波放射と長波放射のピークを正規化して統一し，スペクトルの形を比較しているが，実際には短波放射のピーク値は長波放射のピーク値よりはるかに大きい。

3.3　大気のエネルギー収支

　地球に降り注ぐ太陽放射を，全地球表面で平均すると，その値は $S_1 = S/4 = 341\ \mathrm{W/m^2}$ となる。太陽定数を 4 で割るのは，円の面積と球の面積の比による。この太陽放射の値を 100％とすると，その 31％は雲や地表面で反射され宇宙に戻る。これが，$A = 0.3$ のプラネタリーアルベドの割合である。残りの 69％のうち，20％が大気に吸収され，49％が地表に達して海や陸の表面を暖める（図 3–3）。このように，ある物体に入射する放射には，反射，吸収，透過の 3 通りの放射特性があり，入射に対するそれぞれの比が反射率，吸収率，透過率となる。

　図 3–2 は大気の吸収率を波長の関数で表したもので，値が 100％な

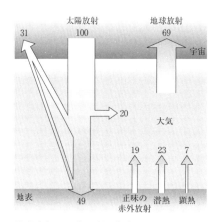
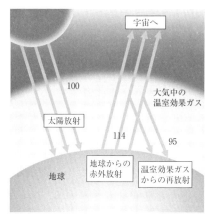

地球大気のエネルギー収支　　　　　　大気放射による温室効果

図3-3　地球大気のエネルギー収支と温室効果
（森本・天野・黒田・他，2014）[5]

ら完全に大気に吸収され，値が0なら吸収されずに透過することを意味する。太陽放射には可視の窓領域があり，ここでは太陽放射があまり吸収されずに地表に達することができる。地球放射の一部にも赤外線の窓領域が存在する。しかし，それ以外の波長帯では酸素，オゾン，水蒸気，二酸化炭素などによる吸収帯があり，そこでは大気が放射を吸収する。また，キルヒホッフの法則により，大気はこの吸収帯から温度に応じたエネルギーを放射する。地表に達する太陽放射は，直達放射と散乱放射に分けることができる。また，吸収についても晴天域での吸収と雲での吸収に分けることができるが，ここでは，エネルギーの流れを分かりやすく説明するため，詳細は省略しておおまかな流れに注目した（図3-3）。

　地表に達した太陽放射は，海や陸，雪氷などの異なる地表面状態に応じて異なる反射率を示す。これは地表面アルベドと呼ばれる。新雪は

90％以上も太陽放射を反射するが，古くなり土や煤をかぶってしまった
ような雪の反射率は30％以下に低下することもある。

　太陽放射の散乱に関しては，雲が重要な役割を果たしている。典型的
な雲粒のサイズは 10 μm 程度で，可視光線の波長よりも十分に大きい。
この場合，可視光線は波長に依存することなくすべての波長で一様に反
射や散乱を受けるため，雲は白く見える。このように，光の波長に比べ，
粒子が十分に大きい時の散乱の特徴はミー散乱と呼ばれる。

　一方，晴天域については可視光線の波長と空気分子の大きさとの関係
から，より波長の短い紫から青の光がより散乱されやすく，赤や橙の光
は透過されやすいという特徴がある。光の波長に比べ，粒子（空気分子）
が十分に小さい時に起こる散乱の特徴はレーリー散乱と呼ばれる。空が
青く見える理由や，宇宙に浮かぶ地球が青く見える理由は，空気のレー
リー散乱の特徴による。また，夕焼けが赤く染まる理由は，可視光線の
うちの青から紫の光は強く散乱を受け，残った赤から橙の光が遠くまで
透過するためである。皆既月食が赤く見える理由は，月から地球を見た
時に，太陽光を遮る大きくて大気を持つ地球が，夕焼け色の赤いリング
状に光って見えるからである。

　太陽放射により陸や海の地表面が加熱されると，暖められた地表から
$E = \sigma T^4$ で表されるステファン・ボルツマンの法則に従い，上向きに
長波放射が起こる。一部の赤外放射は窓領域と呼ばれる波長帯から宇宙
に直接抜け出ることができるが，大部分の赤外放射は水蒸気や二酸化炭
素といった広域の吸収帯の存在により大気や雲に吸収され，宇宙に抜け
ることができない。長波放射や短波放射で暖められた大気や雲からも，
その温度に応じた $E = \sigma T^4$ の法則に従う赤外線を四方に放射する。よっ
て，その一部は上向きに宇宙に抜けることもあるが，地表を照らすよう
に下向きにも赤外放射が起こる（図3-3右）。これが下向き長波放射で

ある。地表から大気に向かう上向き長波放射を比率で示すと114%となり，大気から地表に向かう下向き長波放射の比率は95%となるため，図3-3左の19%という正味の上向き長波放射が，地表から大気に流れる量となる。

　地表から大気に向かう熱エネルギーの輸送（フラックス）には，放射過程の他に7%の顕熱輸送と23%の潜熱輸送とがある。

　顕熱輸送は,太陽放射で暖められた地表から,熱伝導や対流活動によって，熱エネルギーが大気へ直接運ばれるプロセスをいう。例えば，猛暑日に駐車場に停めた車の中は猛烈に熱くなる。このように，加熱によって温度変化として現れる熱エネルギーのことを顕熱という。この顕という字は「あらわれる」という意味である。車に乗り窓を開けると，加熱された熱い空気が車の中から窓の外へと流れてゆく。これが顕熱輸送という熱エネルギーの流れ（フラックス）になる。同様の顕熱輸送が，地表面の岩や土の微細な表面で起こっているのである。

　一方，地表面が水で湿っていると，太陽放射による加熱が水の蒸発に使われ，その水蒸気が上空に運ばれて凝結し雲になるというプロセスが起こる。水が存在すると，加熱や冷却をしてもその熱が水の相変化に使われてしまい，温度に現れないプロセスで地表から大気への熱輸送が可能となる。これが潜熱輸送である。潜熱とは隠れた熱と書き，温度変化として現れない熱エネルギーのことである。加熱により地表面で水分が蒸発し，その水蒸気が対流で運ばれて上空に達し，気温の低下により凝結する時，地表で蒸発の際に蓄えられた蒸発の潜熱が，凝結に伴う潜熱として上空の大気に供給される。水の相変化を通して，温度に現れない潜熱が地表から大気に輸送されるのである。低緯度の海面では太陽放射を吸収して，その熱が潜熱輸送として活発に大気に輸送される。台風などの熱帯低気圧の発達に必要なエネルギー源は，この潜熱である。地球

平均では潜熱輸送の方が顕熱輸送よりも大きい。

　このようにして，地表面から大気に向かって19％の正味の赤外放射，23％の潜熱輸送，7％の顕熱輸送が行われることで，合計49％の熱エネルギーが大気を暖める。これに20％の短波放射の吸収による大気加熱を加えると，合計69％の大気加熱が起こる。この大気加熱は，大気から宇宙空間に向かう長波放射の69％とバランスすることで，エネルギー収支が保たれている。

　以上をまとめると（図3-3），はじめに，宇宙空間から地球を見た時，100％の短波放射が地球に降り注ぐ一方で，31％が反射して宇宙に戻り，差し引き69％の太陽放射エネルギーが地球に降り注ぎ，69％が地球放射エネルギーとして宇宙に戻ることで，地球全体でのエネルギーのバランスが保たれる。地球大気について見ると，20％の短波放射の吸収と49％の地表面からの熱供給があり，合計69％の加熱が，宇宙に向かう69％の地球放射とバランスしている。さらに，地表面では，49％の短波放射による加熱があり，それが19％の正味の赤外放射による冷却，23％の潜熱輸送，7％の顕熱輸送とバランスしている。地表面熱収支の場合，これらのエネルギーフラックスの他に，地中深くに伝導する地中熱流量というフラックスが加わるが，それは年平均することで無視できるくらいに小さくなるため，この図には示していない。

3.4　温室効果

　前節のエネルギー収支の説明（図3-3）では，全地球表面で平均した太陽放射を $S_1 = 341 \ \mathrm{W/m^2}$ として，エネルギーの流れを説明した。大気上端の宇宙との境界面で放射平衡温度を計算すると，$S_1 (1-A) = \sigma T^4$ となり，$A = 0.3$ なので，ここから放射平衡温度 $T = 255 \ \mathrm{K}$ が得られる。これは大気上端における放射平衡温度であり，大気を考えない場

合の放射平衡温度に等しい。

　次に，大気を考慮した場合の大気下端，つまり地表面での放射平衡温度 T_G を観測に基づいて診断的に考えてみる。図3-3から正味の赤外放射は短波放射 S_1 の約20％で，それが上向き長波放射と下向き長波放射の差になることから，$0.2S_1 = \sigma T_G{}^4 - \sigma T^4$ という関係を得る。最後の項は大気の上端の温度なので $0.7S_1$ となり，地表面温度に対して $0.9S_1 = \sigma T_G{}^4$ が導かれる。これを T_G について解くと，前式との比から $T_G = 1.06T$ が導かれる。ここで，係数の1.06は0.9/0.7の4乗根である。つまり，地表面の温度は，大気上端の温度255Kより6％も上昇して $T_G = 271$ K となる。大気の存在により地表面温度は放射平衡温度よりも16Kだけ高くなる。これが温室効果と呼ばれるものである。これは大気の層を1層と考えて診断的に放射収支を計算した場合の地表面温度である。

　地表を暖める短波放射は $0.5S_1$ であり，顕熱と潜熱で $0.3S_1$ だけ大気に戻されるので，残りの $0.2S_1$ が長波放射収支の差となっている。そして，地表面の気温を上昇させているのは，大気から地表に向かう下向き長波放射が収支式に新たに加わったことによる（図3-3右）。そこで，大気の層を幾重にも分割して放射収支を計算すると図3-4のようになり，それぞれの高度での温度に依存した上向きと下向き長波放射が求まり，より正確な温室効果のメカニズムを理論的に推定することができる。

　この下向き長波放射を波長別に詳しく調べてみると，図3-2で示したように水蒸気，二酸化炭素，メタン，オゾンなどの吸収帯から放射されている。これらの温室効果をもたらす気体を温室効果気体という。そのため，もし二酸化炭素の量が倍増すると，大気から地表面へ向かう下向き長波放射が増大するため，地表面温度が上昇する。これが人為的二酸化炭素の増大による地球温暖化の原因である。晴天域だけを考えて仮

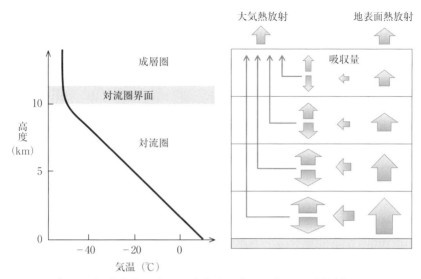

図3-4　気温の鉛直変化に応じて変化する多層大気の長波放射

に二酸化炭素が倍増すると，放射収支だけから計算される気温の上昇は約1.8℃となる。この温度上昇が引き金となり，北極海の海氷が溶けるなどの気候システムの複雑なフィードバックが働いて，気温上昇はさらに増幅される。具体的に何度上昇するのかは，予測する気候モデルの違いでばらつきが生じるが，およそ2.5℃程度と考えられている。実際，過去100年では，約0.8℃の気温上昇が観測されている。

　二酸化炭素が増大すると，温室効果により地表面温度が高まる一方で，成層圏では宇宙に向けての放射冷却が増大するため，気温が低下すると予測される。地球温暖化に伴い，成層圏の温度が過去50年で約3℃低下していることが確認されている。

　水蒸気も重要な温室効果気体であるが，水蒸気は大気下層に大量に存在するため大きく変動することはない。ただし，水蒸気が北極圏に向かっ

て多く輸送されるようになると，北極圏の温暖化に貢献すると考えられている。

　また，雲は太陽放射を遮るため冷却に働く。これは短波放射に対する日傘効果と呼ばれる。一方，北極圏で雲が増えると，放射冷却を遮り，雲からの下向き長波放射が増えるため，下層の雲は温室効果をもたらす。このように，雲の放射過程に及ぼす影響は複雑で，地域と季節により大きく変化するため，正確な評価が困難である。このことが地球温暖化予測の不確実性を大きく高めている。

　実際の地表温度は288 Kであるが，これは大気の層を増やし，それぞれの層でオゾン層などの現実的な大気組成を与えてフラックス収支を綿密に計算し，さらに対流の効果を考えることで説明することができる。図3-5左は縦軸に高度（気圧），横軸に温度をとり，初期温度としてすべての高度で160 Kの低温と360 Kの高温から計算を始めた場合の放射平衡温度を数値的に実験した結果である。どちらの場合も計算を始めて約1年が経つと，各高度の放射平衡温度に収束する。その結果は地表付近で340 K，高度10 km付近で最低温度の180 Kとなり，そこから成層圏に向かってオゾン層による加熱が働いて気温が上昇し，上端での放射

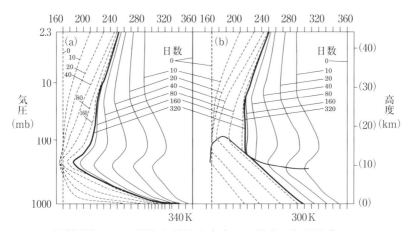

図3-5　放射過程のみの場合と対流を考慮した場合の気温分布
（Manabe and Strickler（1964）[6]を木村・新野（2010）[1]が改変したもの）

平衡温度は 255 K になっている。この結果は大気が静止しているという条件で計算されたもので，地表温度の 67℃ は明らかに高すぎる。また，対流圏では 10 km で気温が 160℃ も低下し静的に不安定なため，実際には対流が生じ，不安定が解消されて乾燥断熱減率となるはずである。

　そこで，対流により不安定を解消しつつ，前と同じ初期値から出発して，数値的に平衡状態を求めてみると，図 3-5 右のような結果になる。これは放射対流平衡温度と呼ばれる。図中には圏界面高度が実線で示してある。その結果，地表は約 300 K となり，高度 12 km 付近の対流圏界面で 220 K に収束している。このモデルでは気温減率として 6.5℃/km が用いられた。下部成層圏はほぼ等温となり，上部成層圏で気温が上がり，上端で 255 K の放射平衡温度となっている。対流を考慮した放射平衡温度を各高度で計算することで，おおまかな大気の気温分布が再現される。

　最後に他の惑星における温室効果を地球と比べてみよう（表 3-1）。水星には大気がないので，表面温度は放射平衡温度と同じである。金星では放射平衡温度は高いアルベドが効いて 224 K と地球よりも低いが，地上気圧が 90 気圧もあり，二酸化炭素による温室効果が強く働くため，表面温度は 740 K の高温となっている。地球の放射平衡温度は 255 K であり，地表温度は 288 K である。この値は放射対流平衡を計算することで再現することができる。火星の放射平衡温度は 216 K で地表温度は 210 K である。火星大気の主な成分は二酸化炭素であるが，地表気圧は 7 hPa と地球の 1% 以下のため，温室効果はあまり効いていない。火星については高度 10 km のガラス張りの温室ドームを人工的に建設すれば，温室効果により地球と同じ温度環境を作ることができるとの計算結果がある。これはテラフォーミングと呼ばれる火星への移住計画の研究から推定されている。

3.5 放射収支の南北変化

これまでに地球大気の放射平衡温度を大気上端で説明した上で，鉛直方向に多数の大気層を考え，大気組成を考慮して放射対流平衡温度の鉛直分布を計算することで，温室効果について説明した。次に，放射平衡温度の南北変化について計算してみよう。

地球は球形であることから，例えば春分または秋分の日を考えると，単位面積あたりの地表面が受け取る太陽放射は，赤道で最大となり両極でゼロとなる。その中間は緯度のコサインで与えられる（図3-1）。太陽定数を $S = 1370$ W/m^2 とすると，緯度 θ では $S\cos\theta$ の日射が可能である。夜間の日射はゼロなので，日平均した放射量を，夏至から冬至までの変化を考慮して緯度の関数として表した結果が図3-6である。この図によると，緯度66.6度より高緯度の北極圏と南極圏では，秋分と春分の間の冬季に，一日中太陽が昇らない極夜が発生する。そこでの日射はゼロである。仮に日射ゼロが永遠に続けば，その地点での放射平衡温度は絶対0度となるが，幸いに夏半分には太陽が戻るため，年平均すると太陽放射は正の値となる。逆に，一日中太陽が沈まない白夜では日積算した極点の太陽放射は赤道よりも大きな値になる。このような夏至から冬至までの日射の変化を緯度の関数として表したのが図3-7である。年平均では赤道で400 W/m^2 の最大を持ち，両極で150 W/m^2 となる。冬至と夏至の日射の南北分布は極夜でゼロ，夏半球の値は約500 W/m^2 となって，白夜の領域に最大値となる第2の山が見られる。南北非対称となるのは，近日点が南半球の夏に起こることによる。

年平均した大気上端の日射に対し，それぞれの緯度のアルベドを考慮して年平均した結果が図2-7となる。吸収される太陽放射は赤道で約310 W/m^2 であり，赤道収束帯（ITCZ）の影響で日射がわずかながら

入射量の違い　　　　　　　太陽エネルギーの分布

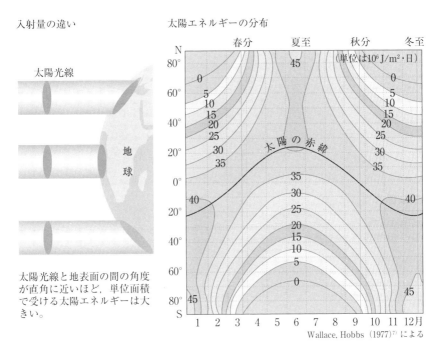

太陽光線と地表面の間の角度
が直角に近いほど，単位面積
で受ける太陽エネルギーは大
きい。

図3-6　地球に入射する太陽放射の緯度－季節変化（浜島書店，2013）[8]

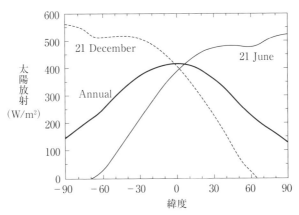

図3-7　冬至，夏至，年平均の太陽放射の緯度変化（Hartmann, 1994）[9]

58

減少している。北極では 70 W/m² 程度，南極では 50 W/m² となっている。アルベドの南北変化を見ると，赤道付近で $A = 0.2$，そして北極で $A = 0.5$，南極で $A = 0.7$ となっている。南極大陸の厚い氷床が高いアルベドの原因である。このローカルな太陽放射から計算される放射平衡温度は赤道で 271 K，南極で 172 K となり，南北温度差が 100 K にもなることが分かる。それに対し，地球放射は赤道で 240 W/m²，北極で 190 W/m²，南極で 140 W/m² であり，南北差が小さい。これは，大気大循環が熱を高緯度に輸送した結果として生じた地球放射である。

研究課題

1) 空が青く見えるのはなぜか，太陽放射の散乱の特徴を調べて説明してみよう。また，夕焼けが赤くなる理由や，入道雲が白く見える理由を説明してみよう。
2) 大気上端での太陽放射の年平均値は赤道で 400 W/m²，北極で 150 W/m² 程度である。アルベドを 0.3 として放射平衡温度を計算し，両者の温度差を求めよ。（265 K と 207 K）

引用文献

1) 木村龍治・新野宏（2010）『身近な気象学』放送大学教育振興会，231pp.
2) NASA Jet Propulsion Laboratory : Planet profiles. http://pds.jpl.nasa.gov/planets/special/planets.htm.
3) Ingersoll, A. P. (1990): Atmospheric dynamics of the outer planets. *Science*, 248, pp.308-315.
4) Goody, R. M. and Yung, Y. L. : *Atmospheric Radiation: Theoretical Basis*, Second Edition. Fig. 1.1, p.4.

Copyright © 1961, 1989 by Oxford University Press, Inc.

Reproduced with permission of Oxford Publishing Limited through PLSclear.

5) 森本雅樹・天野一男・黒田武彦・他（2014）『地学基礎』実教出版 , 191pp.

6) Manabe, S. and Strickler, R. F. (1964): Thermal equilibrium of the atmosphere with a convective adjustment. *J. Atmos. Sci.*, 21, pp.361-385.

7) Wallace, J. M. and Hobbs, P. V. (1977): *Atmospheric Science, an Introductory Survey*. Fig. 10.5, p.423, Academic Press, 467pp.

Reprinted from *Atmospheric Science, an Introductory Survey* with permission from Elsevier.

8) 浜島書店（2013）『ニューステージ新地学図表』.

9) Hartmann, D. L. (1994): *Global Physical Climatology*. Academic Press, 409pp.

Reprinted from *Global Physical Climatology* with permission from Elsevier.

4 | 気圧と風

伊賀啓太

《学習のポイント》 天気予報では，しばしば「低気圧」という語が登場する。また「気圧配置」などという表現もおなじみであろう。気圧とは大気の圧力のことを表すが，天気予報では欠かすことのできない概念である。それでは，気圧はなぜ天気と深い関わりがあるのであろうか。気圧は，天気の要素の中でも特に風と直接的な関係があるが，本章では，気圧と風の関係や風がどのようにして吹くのかについて基礎的な原理に立ち戻って学んでいく。
《キーワード》 気圧，気圧傾度力，静水圧（静力学）平衡，海陸風，山谷風，季節風

4.1 空気の運動を記述する力学

　風というのは空気の運動のことである。一般的に，空気に限らずものの運動を記述したり，運動の様子を調べたりするには，力学と呼ばれる物理の知識を用いることになる。古典的な力学の基礎は慣性の法則，運動方程式，作用・反作用の法則というニュートンの三法則としてまとめられているが，特に初等的な力学では質点に関する力学を扱い，その運動の様子は運動方程式を基にして定量的に調べられる。その力学の法則によると，ものが静止していたり等速直線運動をしたりしている時には，そのものに働く力はつりあっていなければならない。あるものに働く力の合計が 0 ではなくてつりあっていない場合には，合計した正味の力の方向に加速度を持つのであった。

　ところが，空気のような気体は単純な質点としての取り扱いをすることはできない。気体や液体のように空間的な広がりを持っていてその形が容易に変形するものを流体といい，空気の運動を調べるには，流体の運動を調べるための力学である流体力学に基づいて行わなければいけないのである。とはいえ，その基本は質点の力学と変わらない。

　以下では，基礎的な力学に立ち戻って，気圧がどのように風と関連しているのかを説明していく。

4.2　気圧傾度力 ―水平方向の気圧のつりあい―

　静止している流体の中である一点を考えて，その点を通る小さな面で流体を両側に分割すると，両側の流体は，面の方向にかかわらずその面を通して単位面積あたり同じ大きさの力で面に対して垂直な方向に押しあっている。この単位面積あたりの力を圧力といい，特に，その流体が大気である場合には気圧と呼ぶ。第2章で述べたように，気圧の単位にはMKS単位系ではPa（パスカル）を用いるが，気象学ではその100倍のhPa（ヘクトパスカル）がよく使われる。

　さて，具体的に気圧がどのように大気の運動を引き起こすのかを考えていこう。図4-1のように大気の中の一部を直方体の形に取り出して

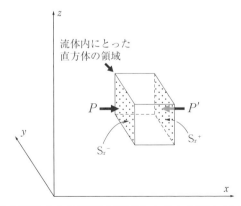

図4-1　空気の中に考えた仮想的な直方体とそれに対して水平方向にかかる気圧

きて，空気のこの部分に働く力を考えてみる。まず，x 方向に働く力を考えると，この直方体は面 S_x^- を通して x の正方向（左から右向き）の力を受ける。その大きさは，ここでの気圧 P に面 S_x^- の面積をかけたものになる。しかし，この直方体は反対の面 S_x^+ を通して x の負方向（右から左向き）にも同様に，ここでの気圧 P' に面 S_x^+ の面積をかけた大きさの力を受ける。左右両側の面の面積は等しいから，もし $P = P'$ であるならば，この二つの力は互いに打ち消しあってつりあってしまい，空気のこの部分に働く正味の力にはならない。この事情は，気圧の大きさがいくら大きくても同じである。

　二つの力がつりあわずに正味の力が残るためには，P と P' の大きさが異なる必要がある。もし，P が P' より大きければ，差し引き x の正方向（左から右向き）の正味の力が残り，逆に P が P' より小さければ，差し引き x の負方向（右から左向き）の正味の力が残る。したがって，気圧が大きい方から小さい方に向かう方向の力が，直方体に働く正味の力として残るのである。このことは，空気に働く力の大きさは，気圧そのものの値が大きいかどうかで決まっているのではなく，x 方向の位置とともに気圧がどれくらい変化しているかという傾度（勾配）によることを示している。

　ここまで x 方向についての話を考えてきたが，y 方向についても同様のことが成り立ち，xy 方向の水平 2 次元的に考えると，正味の力として，気圧が大きい方から小さい方に向かう方向に力が働くことになる。この力は，単位長さあたりどれだけ気圧が変化するかを表す気圧傾度に比例した大きさの力となり，気圧傾度力と呼ばれている（大気に限らず，一般的な流体の場合には圧力傾度力という）。

　天気予報でよく登場する天気図には，気圧が同じ場所を結んだ等圧線が描かれている。この等圧線を見ると気圧傾度力の様子を知ることがで

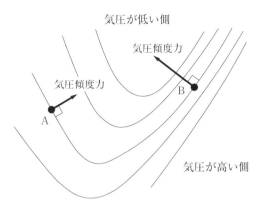

図 4-2　気圧の分布に対して働く気圧傾度力
A 点と B 点のいずれも気圧の高い側から低い側に向かって等圧線に対して
垂直に働くが，等圧線が疎らな A 点より密になっている B 点の方で気圧傾
度力の大きさが大きくなる。

きる。気圧傾度は等圧線に垂直な方向を向き，その大きさは等圧線の間
隔に反比例する（等圧線が混んでいると大きく，疎らであると小さい）
という性質を持っているので，気圧傾度力は気圧が高い側から低い側に
向いて等圧線に垂直であり，等圧線が混んでいる場所で大きな力が働く
ことになる（図 4-2）。

4.3　静水圧（静力学）平衡 ─鉛直方向の気圧のつりあい─

　前節では，水平 2 方向の気圧傾度力について考察をしてきた。しかし，
鉛直方向にはこの議論をそのまま当てはめることができない。このこと
は，気圧の鉛直分布と実際の大気の運動の様子を比較しても簡単に分か
る。第 2 章で学んだように，気圧は上空に行くほど急激に小さくなって
いく。したがって，水平方向の議論から導かれた結論をそのままの形で
鉛直方向にも当てはめてしまうと，下から上に向かう大きな気圧傾度力

が働いて，大気は上向きに大きな加速度を受けることになりそうである。しかし，もちろん実際の大気では常に上向き加速を受けているわけではない。ほとんど静止している大気であっても，大気の気圧は上方に行くほど急激に小さくなるような分布をしている。

　水平方向と鉛直方向の違いは，鉛直方向には重力が働くためにその効果も考慮しなければいけないことから生じる。そこで，水平方向と同様の議論を，鉛直方向に働く力についても行ってみよう（図4-3）。ただし簡単のため，鉛直方向には働く力がつりあっている場合を考える。

　鉛直方向に働く力としては，まず上面 S_z^+ を通して受ける下向きの力がある。この場所での気圧を P，面 S_z^+ の面積を S とするとその大きさは PS となる。同様に，下面 S_z^- を通して受ける上向きの力は，気圧を P' としてその大きさは $P'S$ となる。さらにこの大気には重力が下向きに働く。その大きさは，重力加速度を g，密度を ρ，直方体の高さを h とすると ρghS である（ρhS がこの部分の大気の質量になることに注意しよう）。この三つの力がつりあうことから $PS + \rho ghS = P'S$ の関係が成り立つこととなる。

　まず，この式から P' が P より大きいことが分かる。この部分に働く下向きの力としては上面からの気圧の上に重力も加わるのに対して，上

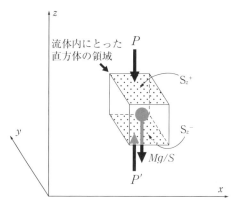

図4-3　空気の中にとった仮想的な直方体とそれに対して鉛直方向にかかる気圧

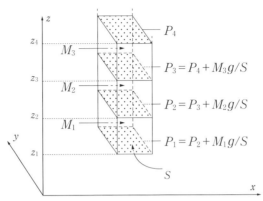

図4-4 空気の中の仮想的な直方体を鉛直方向に並べた状況
各高度面での気圧と各直方体に含まれる空気にかかる重力との関係を示す。

向きの力としては下面での気圧しかないので、この一つの上向きの力で、下向きの力二つの合計とつりあわなければいけないからである。言い方を変えると、下面での気圧は、上面での気圧にその間にある空気の重力がプラスされた分だけ大きな気圧になっているのである。先ほどのつりあいの式から定量的な関係としては $(P'-P)/h = \rho g$ が導かれるが、これは気圧の鉛直傾度（左辺）が ρg に等しいことを示している。

　あるいは、図4-4のようにこの状況を鉛直方向に積み上げて考えてみよう。z_1 での気圧 P_1 は z_2 での気圧 P_2 に z_1 から z_2 にある空気の質量 M_1 に働く単位面積あたりの重力 $M_1 g/S$ を加えたものであったが、その P_2 はさらにそれより上にある z_3 での気圧 P_3 に z_2 から z_3 の間にある空気に働く重力を加えたものである。同様の議論を続けていくと、気圧というのはその場所より上空にある（単位面積あたりの）空気に働く重力の総和になっていることになる。

　本節では、鉛直方向には力がつりあっていると仮定して議論したが、実際の大気ではある程度の大きなスケールを考えると、大気は鉛直方向

には力がつりあっていると考えてよい。このような状態にある大気は静水圧平衡（あるいは静力学平衡）にあるという。また，大気に働く重力と気圧の鉛直方向の変化に関するこのような関係を静水圧（静力学）の関係という。

4.4 水平温度傾度によって起こされる風

このようにして導かれた気圧と大気に働く力の関係を，水平方向と鉛直方向の両方ともに用いることによって，最も基本的な空気の流れのでき方，つまり風の起こり方を説明することができる。最も基本的な風の起こり方というのは，水平方向に密度差が生じることによって起こるものである。空気の密度は気温が上がるとともに小さくなっていくため，気温差があればこのような密度差が生じる。実際，空気の水平方向の密度差というのは気温差によってもたらされる部分が多い。水平方向の気温差からどのようにして風が生じるのかを以下に見ていこう。

まず，図 4-5（a）のように水平方向に気温差がある状況を考えよう。この場合は左の方が低温で，右の方が高温になっている。このような状況で大気は静止したままの状態に留まっているであろうか。次のように考えると，大気は止まったままではいられずに必ず運動を始めることが分かる。

もし AB 両地点の地上（図の A_1 と B_1）で気圧が等しかったとしよう。

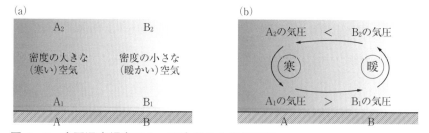

図 4-5　水平温度傾度によって生じる大気の運動
(a) A の上空の方が B より気温が低い状況。
(b) その状況で引き起こされる大気の運動。

この時，この地上付近では水平方向には気圧傾度がないから気圧傾度力は働かず，止まっていた空気は静止したままでいられそうである。ところが，上空（図の A_2 と B_2）での気圧を比べると状況が違ってくる。

前節で見たように，鉛直方向に静水圧の関係があるとすると，A_1 の気圧は，A_2 の気圧に $A_1 \sim A_2$ 間の層の部分の空気に働く重力を加えたものになっている。同様に B_1 の気圧は，B_2 の気圧に $B_1 \sim B_2$ の空気に働く重力を加えたものである。ところが，A と B では気温差があるため密度も異なり，気温の低い A の方が大きな密度を持つ。したがってそこに働く重力も大きい。

一方，地上付近では気圧が等しいと仮定したから，A_1 と B_1 の気圧は同じである。上空 A_2 の気圧は地上 A_1 の気圧から $A_1 \sim A_2$ の（重い）空気に働く重力を差し引いたものであり，上空 B_2 の気圧も同様に地上 B_1 の気圧からの $B_1 \sim B_2$ の（軽い）空気に働く重力を差し引いたものであるから，上空では A_2 より B_2 の気圧の方が大きくなる。つまり B_2 から A_2 の向きの気圧傾度が生じてしまうのである。したがって，地上付近では運動が生じないように見えても，上空では空気は B_2 から A_2 の向きに加速されて運動を始める。つまり風が生じることになる。

今の議論は，地上付近で A_1 と B_1 の気圧が同じであることを仮定して行ったが，逆に上空で A_2 と B_2 の気圧が同じであると仮定しても同様の議論ができ，この場合には，地上付近で A_1 から B_1 に空気が加速されて風が起きる。実際には，時間が経つと，上空では B_2 から A_2 の向きに，地上付近では A_1 から B_1 の向きに向かう風が生じて，図 4-5（b）のような循環が生じることになる。

このように，水平方向に気温差が生じることが，風の最も根本的駆動力となっており，その駆動の仕組みは水平方向と鉛直方向の気圧傾度の様子を考えることで説明ができるのである。

4.5 海陸風

　実際の大気でこのような仕組みで生じる風の代表例として，海陸風が
挙げられる。海岸に近い地方では，比較的穏やかな日の日中に海から陸
の方向に向かう風が，夜間には逆に陸から海の方向に向かう風が吹く傾
向にある。この仕組みは前節の説明がほぼそのまま当てはまる。

　水は熱容量が大きく，したがって熱しにくく冷めにくい性質を持って
いるため，海洋は陸に比べて温度があまり変化しない傾向にある。よく
晴れた日中は海洋も陸も暖められて温度が上がるが，その暖められ方は
陸の方が大きく，温度が高く上がる。そのため，下部から暖められる大
気も，陸上の大気の方が海上の大気より気温が高い状態となり，相対的
には図4-6（a）のような状態が実現する。つまり，地上付近で観測し
ていると，海から陸に向かって風が吹いていることになるのである。こ
のような風を海風と呼んでいる。

　逆に，夜間は海洋も陸も放射冷却によって温度が低くなるが，海は陸
ほどには温度が下がらず，陸と比べて相対的に暖かいままの状態が保た
れて図4-6（b）のようになり，今度は陸から海に向かって風が吹くこ
とになる。このような風を陸風と呼ぶ。

　昼と夜の日変化に伴ってこの二つの状態を繰り返すことになり，昼間
と夜間とで反対向きの風の循環が形成される。このような海風と陸風を

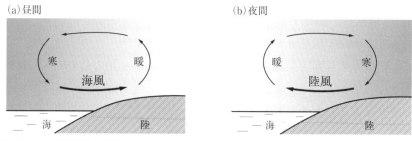

（a）昼間　　　　　　　　　　　　　　　（b）夜間

図4-6　海陸風の循環
（a）海岸付近の昼の気温傾度と引き起こされる海風の循環。
（b）海岸付近の夜の気温傾度と引き起こされる陸風の循環。

合わせて海陸風という。

4.6　山谷風

　海陸風のような一日周期の風系の入れ替わりは，海洋から離れた陸上でも，地形の凹凸が存在するところで見られることがある。これは，標高の高い山と低い谷の間で生じる風の循環で，山谷風と呼ばれる。山谷風の仕組みは海陸風の考え方を応用して以下のように説明することができる。

　海陸風では，海の上の大気と陸の上の大気の暖まりやすさと冷えやすさの差が原因となって風が生じたが，山谷風では，地面の直上の大気と地面から離れた大気との暖まりやすさと冷えやすさの差が風の駆動力となる。日中，日差しを受けた地面は温度が上がって大気はそこから暖められるため，地面のすぐ上の大気は，離れた場所の大気より温度が上昇しやすい。そのため，例えば，図 4 - 7（a）の X の高度で見てみると，地面と隣接している X_A 付近の大気の気温の方が，左方向にある大気（X_B）より高くなる。その結果，海陸風の場合と同様に考えて，この付近では図 4 - 7（a）のような風の循環を生じさせようとする。

　ある一つの高度について考えたこのような仕組みと同じことは他の高度でも起こる。それを多数重ねて書いたのが図 4 - 7（b）で，これらをすべて合わせた結果として図 4 - 7（c）のような循環ができることになる。これが谷風である。

　一方，夜間になると地面は放射冷却によって速やかに温度が下がり，それに伴って地面に接した大気の気温も低くなる。そのため図 4 - 7（d）のような昼間とは逆の循環が起こり，山風と呼ばれる風が吹くことになる。

　山風と谷風も，昼と夜の日変化に伴ってこの二つの状態を繰り返すこ

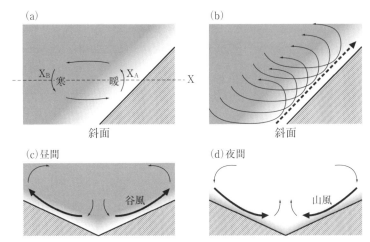

図4-7　山谷風の仕組みと循環
(a)ある高度面 X のみに注目した時に，昼間の斜面付近に引き起こされると
考えられる循環。
(b)各高度に対して考えた（a）の循環の重ね合わせとしての斜面を吹き上
がる流れ。
(c)山谷地形付近の昼の気温傾度と引き起こされる谷風の循環。
(d)山谷地形付近の夜の気温傾度と引き起こされる山風の循環。

とになり，あわせて山谷風という。

4.7　季節風

　海陸風は昼夜の日変化に伴って生じる風で水平スケールも比較的小さ
な現象であるが，同様のことは夏冬の季節変化に伴っても生じる。この
場合，引き起こされる風系の規模ももっと大きくなる。このような風を
季節風という。
　季節風の原理は，海陸風と全く同じである。図4-6の昼と夜を夏と
冬に読み替えるだけである。しかし，季節風を起こす海陸分布のスケー

ルは，もっと大きいことに注意しなければならない。日本付近はこのよ
うな季節風が顕著に吹く典型的な地域で，特に「冬の季節風」は天気予
報でも耳にすることが多いだろう。

　日本付近の海陸分布を見ると，西にはユーラシア大陸（中国・シベリ
ア）があり，東には大きな太平洋が広がっている。ただし，これくらい
の時間と空間スケールになると，海陸風の仕組みから予想される風から
少しずれが出てくる。冬の典型的な気圧配置は西高東低といって，西の
方に高気圧，東の方に低気圧がある気圧配置であるが，冬の季節風の典
型的な風は西風というよりは北西風である。これは，次章で学ぶコリオ
リの力の影響によるものである。なお，実際の大規模な季節風の循環で
あるモンスーン循環については第6章で，日本での冬の北西季節風とそ
の影響については第11章で詳しく扱う。

4.8　ハドレー循環

　さらに，大規模でグローバルなスケールの大気の流れに目を向けると，
地球は基本的に赤道で強く太陽放射によって暖められ，極域で気温が低
いという水平気温勾配を持っている。海陸風の原理を当てはめて考える
と，図4-8のような，赤道で上昇して極域で下降し，地上付近で極か
ら赤道に向かう風が吹いていることになる。

　このような循環は1735年にハドレーが考え，さらに地球の自転の影

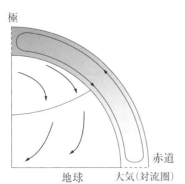

図4-8　ハドレーによって考えられた
大気の子午面循環

72

響も考慮して東西風の分布も推察したのであるが，実際の地球では，このような循環は赤道から南北30度程度までの低緯度地域でのみ生じている。低緯度地域に見られる，赤道で上昇して30度付近で下降する循環をハドレー循環という。それより高緯度の地域では，地球の自転の影響をさらに大きく受けて，全く異なった形での循環を形作っているが，このような地球全体にわたる循環のことについては第6章で詳しく扱う。

研究課題

1)　4.4節で「上空で A_2 と B_2 の気圧が同じであると仮定しても同様の議論ができ，この場合には，地上付近で A_1 から B_1 に空気が加速されて風が起きる。」と述べてあるのを，この節のそれまでの議論を参考にしながら同じように説明してみよう。
2)　海岸近くにある観測点で，比較的静穏な日における風向の一日の変化を調べ，海岸線の方向と比較してみよう。過去の気象データは気象庁のウェブサイトの「各種データ・資料＞過去の気象データ検索」（http://www.data.jma.go.jp/obd/stats/etrn/index.php）で検索することができる。

参考文献

- 木村竜治（1985）『改訂版　流れの科学』東海大学出版会．
- 木村竜治（1989）『流れをはかる』日本規格協会．
- 小倉義光（1999）『一般気象学』（第2版）東京大学出版会．

5 | 地球の回転の効果

伊賀啓太

《学習のポイント》 地球が自転していることは，大気の運動に対して決定的な影響を与える。一般的に回転系の上では不思議な力が働くように見えるのであるが，この見かけの力の存在のために，大気の動きは身の回りの流体の運動の類推から直感的に予想しがちなものとは全く異なった様相を示す。そのため，この力は地球上での大気の現象を考える上で無視できない重要な力なのである。地球の回転が大気の運動にどのように効いてくるのかを学んでいこう。

《キーワード》 地球の自転，遠心力，コリオリの力，地衡風，温度風

5.1 大気の運動を記述する座標系

　前章でも述べたように，大気の運動の様子は，空気の運動として運動方程式を用いて記述することができる。ただし，空気を質点として取り扱うことはあまり適当ではないので，流体の運動を記述する流体力学の運動方程式を用いることになる。流体の運動を記述する運動方程式はナヴィエ－ストークス方程式として知られている。しかし，実際に大気の運動を記述する際には，一般に知られているナヴィエ－ストークス方程式とは異なる形の方程式が用いられる。これは地球が自転をしていることを原因とする。

　そもそも古典力学のニュートンの運動の法則は，慣性系を基にその記述が行われる。ところが，地球は自転をしているので，その地球ととも

にある座標系は回転系であるが，回転している座標系はもはや慣性系ではないのである。とはいえ，回転系のような非慣性系でも運動の法則や運動方程式を記述することは不可能ではない。慣性力あるいは見かけの力と呼ばれる力を併せて考慮することにより，非慣性系で記述した運動に適用できる運動方程式を作ることができるのである。

5.2　回転系での見かけの力

　非慣性系で働く見かけの力を導出するのは数学的な話になるので，ここではその詳細は割愛するが，回転系では見かけの力を考慮しなければいけなくなることを，具体的な状況を設定して示してみよう。

　図5-1（a）のように一定の角速度で反時計回りに回転する大きな円盤があり，その中心付近にいる人が円盤の端の方で待ち構えている人に向かってボールを投げる状況を考える。ボールには特に外力は働かないものとして，このボールの運動がどのようになるかを考えてみよう。円盤の外にいる人が見たボールの運動と，円盤に乗って円盤とともに回転する人が見たボールの運動は様子が異なってくるので，それぞれについて考えてみる。

　円盤の外にいる人からボールの運動を見るのは，非回転の慣性系で運動を記述することに相当する。このボールには外力が働いていないとしたから，慣性の法則により，図5-1（b）のOから1，2，3，4…のような等速直線運動をすることになる。

　一方，このボールを円盤に乗った人が見ると，どのような運動をしているように見えるであろうか。その様子は次のように簡単に作図することができる。

　最初に中心の位置にあったボールは，外から見ても円盤の上で見ても円盤の中心Oにあった。しかし，少し時間が経つと，ボールは外から

見ると真横の1にまで移動するが，この間に円盤も反時計回りに少し回転する。そのため，円盤に乗った人にとっては，ボールの位置は1の位置よりその分だけ逆に時計回りに回転した1′の位置に来ているように見える。同様に，ボールが外から見て2の位置まで移動する間に円盤はさらに同じ角度だけ反時計回りに回転するので，円盤に乗った人から見たボールの位置は同じだけ時計回りに回転して2′の位置に移動しているように見える。同様の手順を続けて順次たどっていくと，円盤に乗った人からは，ボールは図5-1（c）で示したような経路をとるように見える。このようにして，外の慣性系から見た場合と円盤に乗った回転系から見た場合とで，異なった運動をしているように見えることになる。

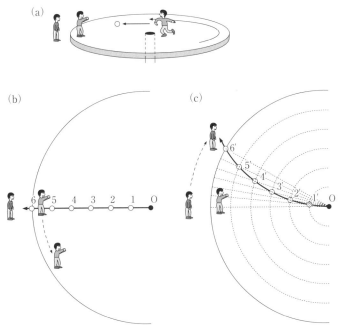

図5-1　回転する円盤の上でボールを投げた時の運動
（a）円形の円盤の中心にいる人が端にいる人に向かってボールを投げる。
（b）円盤の外から見ると，ボールは等速直線運動を行う。
（c）円盤の上に乗って観測すると，物体の進む方向は右の方にずれていく。

運動を回転系で見た場合，ボールは中心から端に向かって同じ距離を進むごとに同じ角度だけ時計回りに回転していく。しかし，角度は同じであっても，中心から離れるにつれてその移動距離は大きくなっていくから，この運動は図5-1（c）に示されるように進行方向に対して右の方に次第にずれて曲がっていくことになる。

この運動を外の慣性系から見た時には，外力が働いていないことに対応して，図5-1（b）のように確かに等速直線運動をしていた。しかし，回転している観測者が見ると，まっすぐには進んでおらず，次第に進む方向を右に変えていくように見える（図5-1（c））。これは，回転している観測者にとって，このボールにあたかも何らかの力が働いているように見えている（何らかの力が右向きに働き，それに対応して進行方向が右向きに変わっていくように見えている）ことになる。この働いているように見える力を慣性力というが，慣性系から見ると実際には力は働いていないのに，非慣性系から見たために働いているように感じる力なので，見かけの力とも呼ばれる。

5.3 遠心力

回転系で働く見かけの力の代表例としては遠心力という力がよく知られている。皆さんもどこかで聞いたことがあるだろう。そればかりか，時おり実際に体験しているのではないだろうか。例えば列車に乗っている時，その列車がカーブに差しかかると，カーブの外側に向かって力を受けるような感覚を受ける。あるいは，遊園地にある種々の高速で回転する乗物に乗ると，外に放り出されそうな力を受けるように感じる。このような力が遠心力である。遠心力は回転系の中心からの距離で決まり，回転の中心軸から外側の向きにその力が働く（図5-2）。

回転系で見たボールの運動の話に戻ろう。この状況ではボールが進む

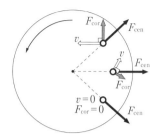

図 5-2　回転する円盤の上で運動する物体に働く見かけの力
遠心力（F_{cen}）は場所だけで決まり，中心軸から外側の方向に働くのに対し，
コリオリの力（F_{cor}）は回転系上での速度で決まり，速度（v）に対して直角
右向きに働く。

につれて次第にその方向を変え，何らかの力を受けているように見えた。
そして，この観測系は回転系という非慣性系であるので，見かけの力が
働いていると考えることができる。

　では，回転系で働く見かけの力である遠心力でこの現象が説明できる
かというと，うまくいかないことがすぐに分かる。なぜなら，遠心力は
回転系の中心軸から外側の向きに働く力であり，このボールにそのよう
な中心軸から外側に働く力を考えても，進行方向にほぼ沿った向きに働
くので，この力はボールの速度の大きさを大きくするように（狭い意味
での加速として）働いて，進路を変化させるような効果を持たないから
である。ところが実際には，ボールは右向きに曲がっているのであるか
ら，これ以外にも何らかの力が進行方向に対して右向きに働いていると
考えなければならない。

5.4　コリオリの力

　実は，回転系で働く見かけの力にはコリオリの力と呼ばれるもう一つ
の力があり，先の状況でのボールの運動を説明するにはこの力を考慮す

る必要がある。

　コリオリの力は，遠心力と異なってその場所には直接よらない。回転系に対してどのような運動をしているかによって働き方が決まる力で，図5-1（a）で考えているように反時計回りに回転する回転系を考えた場合には，回転系の上で運動する方向に対して直角右方向に働く（図5-2）（時計回りに回転する回転系では直角左方向に働く）。図5-1（c）の状況では，ボールが運動する方向に対して右方向に力が働くと右向きに曲がっていくことがうまく説明できる（厳密なことをいうと，この状況ではコリオリの力が右向きに働くだけでなく遠心力もほぼ進行方向に沿って働いているので，正確には単に進路が右に曲げられるだけでなくボールの速さも速くなるが，コリオリの力の方が大きいために速度の大きさの変化はあまり顕著に現れることなく，右の方向に進路が変わっていく図5-1（c）のような運動が実現している）。

　遠心力は誰もが知っている有名な力であるのに対して，コリオリの力の方はそれほど知られた力ではない。コリオリの力は，回転系の上でさらに運動しなければ受けない力なので，日常的には回転系の上にいるだけで感じる遠心力の方が実際に体験することも多く，よく知られているのであろう。

　ところが，気象学，つまり大気の運動を考える際には，むしろ遠心力よりコリオリの力の方が重要となる。それは，遠心力が場所のみによってその大きさが決まり，その場所での速度にはよらないという性質が万有引力と似ているため，図5-3に示すように地球上で受けている遠心力は万有引力と一緒にまとめて重力として認識される力の一部に組み入れられてしまっているからである。

　例として考えた設定では回転する円盤の上で観測する状況を設定したが，私たちがいる地球は球面の形をしている。そのため北極点の真上を

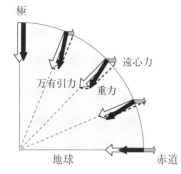

極

遠心力

万有引力　重力

地球　　　　　赤道

図5-3　地球上の各緯度での万有引力・遠心力・重力
万有引力と遠心力の合力を重力として観測するので，重力は必ずしも地球の中心方向を向いていない。

考えた場合には，ちょうどこれと同じような状況になるが，他の中間の緯度の地点を考えると座標系は回転軸に対して斜めに傾いていることになる。さらに南半球の地点を考えると，回転の向きも反対になる。

　実際には緯度 ϕ（正なら北半球，負なら南半球を表すことにする）において水平速度 (u, v) で動いているものの単位質量に働く水平方向のコリオリの力は $(2\Omega v \sin \phi , -2\Omega u \sin \phi)$ と表される（ただし，Ω は地球の自転の角速度）ことが知られている。この係数 $2\Omega \sin \phi$ の部分を通常まとめて f と書き，その表記を用いると，このコリオリの力は $(fv, -fu)$ と表すことができるが，これによると，

- $\phi > 0$ の時，つまり北半球では，運動に対して直角右向きに働く。
- 緯度 ϕ が大きくなるにつれてその係数は大きくなる。
- 緯度 ϕ が小さくなると係数は小さくなり，$\phi = 0$，つまり赤道で0になる。
- $\phi < 0$ の南半球では符号が逆になる。つまり運動に対して直角左向きに働く。

などの性質が分かる。
　地球の自転によるコリオリの力は日常生活ではあまり実感することは

ない。これは，地球の自転は一回転するのに一日かかるため，それに匹
敵するような時間スケールの現象，つまり一日あるいは数時間程度の時
間がかかるような現象でないと，その効果がはっきりと現れてこないか
らである。図5-1と同じような実験を「自転をしている地球」という
回転系で行おうとしても，ボールを数時間も力を加えずにまっすぐに飛
ばすなどということは現実的ではない。

　しかし，図5-4（a）のような振り子を利用することによって，地球の
自転によるコリオリの力を直接示すことも不可能ではない。振り子が振
れておもりが速度を持って運動をする場合にもこのコリオリの力は働く。

　図5-4（b）の1の場所から2の場所におもりが振れる間に，速度 v
の向きに対して右向きにコリオリの力が働くから，2の場所は1のちょ

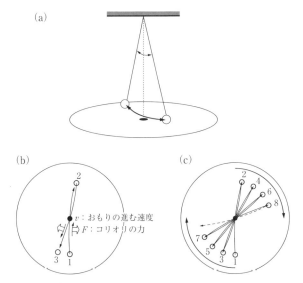

図5-4　フーコーの振り子
（a）回転系の上で，振り子を振らせる。
（b）振り子が1から2に振れる間に，コリオリの力を進行方向右側に受けて
振動面がずれる。2から3に戻ってくる時にも右方向にずれる。
（c）振り子のおもりが1→2→…と往復運動をするうちに振動面のずれが蓄積
され，時計回りに回っていく。

うど反対の場所より少し時計回りにずれる。2から反対に振れて戻って
くる時にも同じようにコリオリの力が働くが，この間にも速度の向きに
対して右向きに働くから，3の場所も2の反対の場所より少し時計回り
にずれる。1周期振れた時には元の1の場所には戻らず，少し時計回り
にずれたところに戻ってくることになる。

　この一回の振れの間に生じる，振り子の振動面のずれは小さいが，図
5-4（c）のようにこのずれは振り子が振れるごとに同じ向きに積算さ
れていくことになる。とはいえ，普通の実験室で作られるような振り子
では，そのずれが目に見えるような角度にまで積み重なっていく前に振
り子の振れが減衰してしまうが，非常に長い振り子，例えば2～3階の
建物の上からつり下げるような大きな規模の振り子を作ると，振り子の
周期が長くなって数時間振らし続けることが可能となり，積算された振
動面のずれが目に見えてくるようになる。この実験は，1851年にフー
コーによりパリのパンテオン寺院のドームで67mもの長さの振り子を
用いて行われたので，フーコーの振り子として知られている。

5.5　地衡風

　大気の現象のうち天気図の上で表現されるような現象は，数日かけて
ゆっくり変化していくので，前節で考慮したようなコリオリの力の効果
がはっきりと現れてくる。そのため，気象学ではコリオリの力が重要に
なる。

　気圧の傾度があるところでは，空気の運動がどのようになるのかを考
えてみよう。ここでは図5-5のように気圧が高いところと低いところ
があり，最初静止していた空気がどのように運動していくのかを考えて
みる。

　気圧の傾度があるので，前章で学んだように図5-5のような気圧分

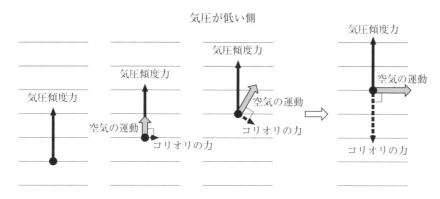

図 5-5　回転系で気圧傾度がある場での空気塊の運動
高圧側から低圧側に向かって気圧傾度力を受けて加速するが，速度を持つよ
うになると進行方向の右側にコリオリの力を受け，高圧側を右に見る方向に
進路がずれていく。最終的に平衡になったとすれば，気圧傾度力とコリオリ
の力はつりあっている。

布のもとでは気圧傾度力が上向きに働く。そのため，たとえ最初にこの
空気が静止していたとしても，上向きに加速されて，その方向に速度を
持つようになる。前章のように回転の効果を考えない場合は，そのまま
この方向に流れていくと考えてよいが，今は（反時計回りの）回転系で
の運動を考えているので，運動が始まるとともにその右向きにコリオリ
の力を受けることになり，運動の方向は次第に右にずれていく。
　それでは，最終的に空気が定常的な等速直線運動をする状態に達した
とすれば，それはどのような状態であろうか？　このような定常状態を
考えるには，空気の運動の時間変化を順々に追っていくこともももちろん
可能であるが，定常な状態になるための条件から直接考える方がずっと
簡単に導くことができる。
　この定常状態では空気に働く力はつりあっているはずである。ここで

は空気に働く力として気圧傾度力とコリオリの力を考えているので，この二つの力がつりあっていなければならない。つまり，この二力は逆向きで同じ大きさとなる。ここで，気圧傾度力は気圧が高い側から低い側に向かって働くので，コリオリの力は逆に気圧が低い側から高い側に向かって働いていなければならないことになる。さらに，コリオリの力は速度の向きに対して右側直角方向に働くので，このような向きにコリオリの力が働くには，空気は気圧が高い側を直角右向きに見るように運動していなければいけないと結論づけることができる。

　実際の大気でも，上空ではほぼこのような定常な状態が実現しており，このように，気圧傾度力とコリオリの力がつりあうような状態にある風を地衡風と呼んでいる。気圧傾度力が等圧線に垂直であることと，コリオリの力が速度に対して直角右向き（南半球では左向き）に働くことから，図5-6に示すように地衡風は等圧線に沿って吹き，その向きは気圧が高い側を右に見るような向き（南半球では左に見るような向き）となっている。また，気圧傾度力は気圧の勾配が大きいところ，つまり等圧線が混んでいるところほど大きくなる一方，コリオリの力は風速に比例するので，地衡風は等圧線が混んでいるところほど強くなる。

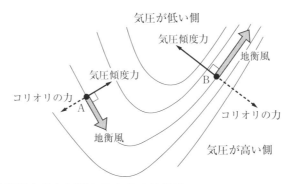

図5-6　地衡風とそれに関わる力のつりあい
地衡風では気圧傾度力とコリオリの力がつりあっており，気圧が高い側を右に見るように等圧線に平行に吹く。風速は等圧線が密なB点の方が疎なA点より大きくなる。

5.6 温度風

　非回転系では，水平方向の気圧傾度と鉛直方向の静水圧の関係を組み合わせることによって，水平温度傾度から風が生じる仕組みを導いた。回転系では水平方向で成り立つ地衡風の関係と鉛直方向の静水圧の関係を両立させることによって，大気の中で吹いている風に関するある重要な関係を導くことができる。

　図5-7（a）のように気温の勾配がある状況を考えてみよう。これは前章の図4-5（a）とほぼ同じ状況であるが，ここでは回転の効果も考慮に入れることになる。

　地上付近では大きな気圧勾配がないものとする。つまり，A_1 と B_1 ではほぼ同じ気圧の大きさを持っているとする。それに伴って地上付近で

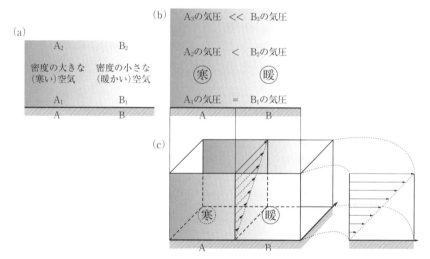

図5-7　温度風の関係
（a）A 点の上空では B 点の上空より気温が低い状況。
（b）下層の A_1 と B_1 では気圧が同じであるとすると，上空の A_2 では B_2 より気圧が低くなる。A_3 と B_3 ではその差はさらに開き，上空にいくにつれて大きくなる。
（c）この気圧差に対応して，上空では B を右側に見るような風が吹き，その強さは上空にいくほど強くなっていく。

は，ほとんど地衡風は吹いていない。ところが，気温は B の方が高くて空気の密度は小さくなっているとしているので，静水圧の関係を適用して上空の A_2 と B_2 での気圧を比べると，B_2 の方が高くなっているはずである。なぜなら，A_1 の気圧は A_2 の気圧に $A_1 \sim A_2$ の部分の空気に働く重力を加えたもの，B_1 の気圧は B_2 の気圧に $B_1 \sim B_2$ の部分に働く重力を加えたものであるが，A_1 と B_1 の気圧はほぼ等しいのに対して，$A_1 \sim A_2$ の部分に働く重力は $B_1 \sim B_2$ の部分に働く重力より大きいからである。すると，この高度では，（紙面に対して）手前から向こうに向かう地衡風が吹いていることになる。さらに上空でも気温の傾度が同じ向きにあるとすると，A_3 と B_3 の気圧差はもっと大きくなり，それに伴って紙面の向こう向きの地衡風の大きさも大きくなる。このようにして上空に行くほど強い，紙面向こう向きの地衡風が吹くことになることが分かる。

　この結果を一般的にまとめると，北半球では気温が高い側を右に（南半球では左に）見るような向きに吹く地衡風が上空に行くにつれて強くなる。この関係を温度風の関係という。

5.7　偏西風とジェット気流

　温度風の最も端的な例は地球全体にわたる風に見られる。地球の気温を大雑把に見ると，低緯度で気温が高くて高緯度で気温が低い。北半球を考えると南側の気温が高いことになるため，前節で述べた温度風の関係を適用すると，上空に行くにつれて西風（東向きの）地衡風が次第に強くなることになる。地上付近ではあまり強い風が吹いていないとすると，これは，上空では強い西風が吹いていることを意味する。このような効果は，特に気温の水平勾配が大きいところで大きくなるが，実際には中緯度がそのような南北傾度が大きい場所で，中緯度上空では一般的

に偏西風と呼ばれる西風が支配的に吹いている。偏西風は特に対流圏界面付近で強く，ジェット気流（ジェット）とも呼ばれる。

　南北の気温傾度が大きくなる冬場は夏よりジェット気流が強くなる傾向にあり，日本付近の上空は，世界的に見てもジェット気流の強い地域となっている。

研究課題

1)　5.6 節の温度風の議論を南半球の場合について行って，南半球での温度風の関係がどのようになるのかを考えてみよう。南半球でも中緯度上空では西風が吹くことを説明してみよう。
2)　気象庁のウェブサイトでは，その時のいろいろな天気図を見ることができる（http://www.jma.go.jp/jma/kishou/know/kurashi/tenkizu.html）。高層天気図（http://www.jma.go.jp/jp/metcht/kosou.html）を見て，等圧線（高層天気図ではそれと実質的に同等な「等高度線」として描かれている）と風向とがほぼ平行であることを確認しよう。また，同じ緯度の地点で等高度線の間隔と風速を読み取り，両者の関係を調べよう。さらに，この関係は緯度の異なる地点の間でも成り立つか調べてみよう。

参考文献

・　小倉義光（1999）『一般気象学』（第 2 版）東京大学出版会.

6 | グローバルな大気循環

田中　博

《**学習のポイント**》　地球を取り巻くグローバルな大気の流れを大気大循環という。年間を通して恒常的に吹く赤道付近の東風を偏東風，中緯度の西風を偏西風というが，これらは地球を循環するグローバルな流れである。本章では，これらの水平方向の循環に加え，鉛直方向のグローバルな対流としてのハドレー循環や，モンスーン循環，ウォーカー循環といった大気大循環の特徴を学ぶ。
《**キーワード**》　大気大循環，温帯低気圧，ジェット気流，熱帯循環，ブロッキング

6.1　大気大循環

　地球規模で循環する組織だった大気の流れのことを大気大循環という。赤道付近の貿易風，ハドレー循環，モンスーン循環，ウォーカー循環，そして中高緯度の偏西風ジェット気流や温帯低気圧，高緯度の極循環や極渦，成層圏のブリューワー・ドブソン循環などは，それぞれが大気大循環の重要な構成要素である。大気大循環には，太陽放射に応答した地球大気の運動の総称との意味があり，英語では General Circulation と呼ばれている。大気大循環モデルのことを General Circulation Model と呼び，その略語として GCM という言葉がよく用いられる。

　太陽放射による加熱と地球放射による冷却の結果，赤道付近では高温，極付近では低温となる。仮に大気大循環による南北熱輸送がないとする

と，年平均した太陽放射と同じ地球放射をもたらす気温が，それぞれの地点での放射平衡温度となるので，赤道と極の放射平衡温度の差は100 K にもなる。この大きな温度差は大気力学的に不安定であることから，これを解消するために低緯度ではハドレー循環が駆動され，そして中高緯度では温帯低気圧のようなさまざまな形態の運動が，角運動量保存則（回転半径と周辺速度の積が保存される）などの力学的束縛条件を満たしながら生起する。この運動の総称が大気大循環であり，その熱輸送の結果として南北の温度差は 40 K 程度に減少する。この南北の熱輸送によって，低緯度の気温はそこでの放射平衡温度よりも下がり，逆に，極域の気温はそこでの放射平衡温度よりもはるかに高くなる。そのため，極域では活発な放射冷却が起こり，冷えた空気が下降流を形成するのである。極寒の北極圏で放射冷却が卓越するのは，放射平衡温度よりも温度が高いからである。

　低緯度で駆動されるハドレー循環は，軸対称な鉛直対流（熱対流）である（図6-1上）。以下では北半球についての説明とする。

　強い太陽放射により赤道で上昇した暖かい空気が南北の緯度30度付近で下降流となる。大気下層では北東貿易風と南東貿易風が赤道付近で収束し，熱帯収束帯（ITCZ：Intertropical Convergence Zone）を形成する。ここでも角運動量保存則が運動を規定している。つまり南に向かう気流は東風になるように加速されるのである。よって，地表摩擦の効く境界層（高度約 1.5 km 以下の大気層）を除けば，貿易風は大気下層で最も強くなる特徴がある。

　ハドレー循環が角運動量保存則の束縛により亜熱帯で閉じると，上層では亜熱帯ジェット気流が形成される。摩擦がない場合，仮に赤道上で静止している空気塊を北緯30度まで移動させると，角運動量の保存則により，その空気塊は地表に対して 134 ms^{-1} の西風となる。これが亜

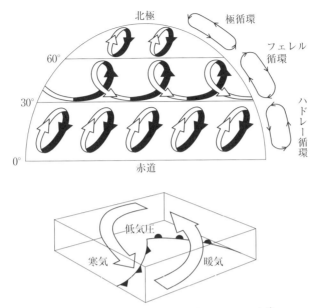

北極

極循環

60°

フェレル
循環

30°

ハ
ド
レ
ー
循
環

0°

赤道

低気圧

寒気

暖気

図6-1　大気大循環の模式図と温帯低気圧（田中，2007）[1]

熱帯ジェット気流の形成要因であるが，実際には渦による運動量輸送や摩擦等によりジェット軸でも $40\,\mathrm{ms}^{-1}$ 程度となる。また，このように強い西風には，風速に比例して南向きのコリオリ力が働くため，北向きに移動した空気塊はある緯度で南に押し戻される。そのため，ハドレー循環が高緯度や北極点にまで届くことは，回転地球上では不可能になる。

　ハドレー循環の鉛直対流による混合で，北緯30度付近の亜熱帯までは温度が一様化されるが，その先では南北の温度差，つまり傾圧性が集積する。すると，この傾圧性を解消するために傾圧不安定波が励起される。詳しい説明は第8章で行うが，この傾圧不安定が中高緯度の偏西風帯における温帯低気圧（傾斜対流）の成因である。温帯低気圧は反時計回りの大きな渦であるが，中心の東側では暖気が北上すると同時に上昇

し，西側では寒気が南下すると同時に下降する（図6-1下）。この傾斜対流により有効位置エネルギーが渦動運動エネルギーに変換されて，低気圧は発達する。温帯低気圧の活動により南北熱輸送が行われ，温度勾配は解消されるが，ハドレー循環により新たな傾圧性が生成されるので，温帯低気圧は次々に発達することになる。この温帯低気圧の構造を帯状平均すると，中緯度にフェレル循環（図6-1上）が現れる。つまり，フェレル循環は温帯低気圧の構造を反映したものであり，決して軸対称的に低緯度で暖気が下降し，高緯度で寒気が上昇しているわけではないので，注意が必要である。ハドレー循環と極循環は軸対称な熱対流であるが，フェレル循環は傾斜対流としての温帯低気圧の構造を横から見たものである。暖気が上昇し寒気が下降する意味ではすべて共通している。

　大気大循環を理解する上で，ハドレー循環や極循環のような軸対称循環ではない温帯低気圧という傾斜対流が，南北の熱輸送や運動量輸送において本質的に重要な役割を果たしているというパラダイム（考え方や認識）のことをロスビー循環という。第8章で紹介される室内水槽実験において，温度差と回転速度の変化に対応して，ハドレー循環のように軸対称循環であったものが，突如，波と渦が卓越する循環にレジームシフトを起こす。このように，回転流体中の波と渦が熱輸送と運動量輸送に本質的な役割を果たすレジームのことをロスビー循環という。地球大気の循環はハドレー循環で説明されるような軸対称循環ではなく，ロスビー循環になっていると考えるのが最新の大気大循環の認識である。

　一方，角運動量収支を考えると，低緯度の偏東風は地表摩擦を通して地球の自転を減速し，中緯度の偏西風は地球の自転を加速している。作用反作用の関係で大気はそれと逆向きの力を受けている。地球の自転は長期的に変化していないことから，大気中で西風運動量が低緯度から中緯度に運ばれていなければならない。このような束縛により，傾圧不安

定波は北向き熱輸送を行う際に，低緯度から中高緯度に西風運動量を輸送するような構造で発達する。これは，上層の偏西風波動の気圧の谷（トラフという）に沿ったトラフ軸が，北東から南西に傾いているという特徴から確かめることができる。

　温帯低気圧による北向き熱輸送の結果，極域の温度は放射平衡温度よりも高くなることから，盛んに放射冷却が行われる。冷却された極域の空気は下降流となり，周囲に吹き出して極循環を形成する。ここでも角運動量保存則により，偏東風が形成される。暑い熱帯で正味の加熱が起こり，寒い極域で放射冷却が活発になるのは，大気大循環の結果であり，原因ではないことに注意が必要である。

6.2　偏西風・偏東風

　偏西風とは中緯度において地球を一巡りする恒常的な西風のことである。地球を一巡りする風のことを帯状風ともいうので，偏西風とは中緯度に見られる恒常的な帯状風のことを指す。南北両半球に存在する。一方，偏東風は地球を一巡りする恒常的な東風のことである。赤道付近の偏東風を赤道偏東風または貿易風といい，周極域の大気下層の偏東風を極偏東風という。

　軸対称なハドレー循環に伴う角運動量保存則と，偏西風波動の渦による角運動量の南北輸送により，亜熱帯の対流圏界面には $40\,\mathrm{ms}^{-1}$ 程度の偏西風ジェット軸が恒常的に形成される（図6-2）。これが亜熱帯ジェット気流である。温度風関係式（静力学の式と地衡風関係式から導かれる温度と風の関係式）に従い，この緯度で南北の温度傾度が生成される。ここでは亜熱帯ジェット気流が原因で，南北温度傾度が結果と考えられる。亜熱帯ジェット気流は冬季に強く夏季には弱くなると同時にハドレー循環の季節変化に伴い南北にシフトする。

92

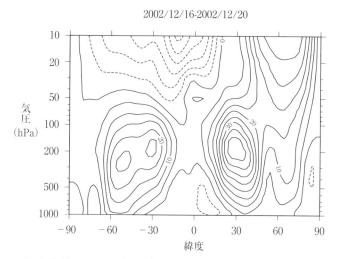

2002/12/16-2002/12/20

気圧
(hPa)

緯度

図6-2　亜熱帯ジェットと寒帯ジェット気流の鉛直断面

　一方，低緯度の対流圏下層では，ハドレー循環により亜熱帯から熱帯収束帯に向かう気流が，角運動量保存則に従い安定した偏東風を形成する。これが赤道偏東風であり，熱帯収束帯を挟んで南北2か所に存在する。赤道偏東風は$5\,\mathrm{ms}^{-1}$程度の強さで恒常的に吹き，大気境界層を除けば下層ほど強いのが特徴である。成層圏にも東風ジェット気流があるが，季節変化（半年周期）や年々変動が大きく，恒常的に存在するものではないことから，偏東風と呼ぶことはない。特に年による変動は成層圏の準二年周期振動と関係して変化する。

　亜熱帯に集積された南北温度傾度を解消するために，傾圧不安定により温帯低気圧が発達し，低緯度から中高緯度に向かって熱輸送と西風運動量輸送を行う。その結果，亜熱帯ジェット気流の北側に寒帯前線ジェット気流が形成される。図6-2はスナップショットで見た帯状平均東西流の鉛直子午面分布であり，実線が西風域，破線が東風域である。南北

30 度付近の西風の極大が亜熱帯ジェット気流で，60 度付近の強風軸が
寒帯前線ジェット気流である。冬半球の 60 度付近の成層圏にある強い
西風が極夜ジェット気流で，夏半球には東風域が広がる。低緯度と極域
の大気下層には偏東風が見られる。亜熱帯と寒帯の気団の境目には寒帯
前線帯が形成され，そこでは温度風関係式に従い上層に寒帯前線ジェッ
ト気流が形成される。中緯度の偏西風はこれら 2 本の西風ジェット気流
により形成されており，日本付近の上空ではこの 2 本のジェット気流が
合流するため，冬季には $100 \, \mathrm{ms}^{-1}$ に及ぶ偏西風が形成される。寒帯前
線ジェット気流は温帯低気圧活動により日々大きく変化し，南北に蛇行
するため，気候値には現れにくい。異常気象（顕著現象）をもたらす偏
西風の蛇行は主に寒帯前線ジェット気流の変動によって生じる。

　寒帯前線ジェット気流とほぼ同じ緯度の冬季の成層圏には，極夜を取
り囲むように強い西風が吹く。これが極夜ジェット気流であり，極から
見ると渦に見えることから極渦と呼ばれる。極夜での強い放射冷却がも
たらす南北の温度勾配が原因で温度風として形成される西風ジェット気
流である。

　極域の大気下層には下降流があり，それが中緯度に向かって広がるこ
とで，角運動量保存則に従い偏東風が形成される。これが極偏東風であ
る。極東風ともいう。南極大陸上で斜面を下降する大規模なカタバ風は
極偏東風の特徴を持つ。

6.3 モンスーン循環とウォーカー循環

　大気大循環を概念的に説明する際に，軸対称なハドレー循環，フェレ
ル循環，極循環を説明し，そこに軸対称ではない中緯度の傾斜対流とし
ての温帯低気圧を重ねて説明したが，これは，いわば地球全体が海に覆
われている水惑星を想定した時の概念図である。実際の地球大気で観測

される地上風や上空の風は大変複雑に入り組んでいる。これは，地球の7割が海で3割が陸地であることから，山岳の影響に加えて海陸の温度差で駆動されるモンスーン循環と，海面水温の地域差で駆動されるウォーカー循環が熱帯地域に存在するためである。

　赤道付近の貿易風は，海水との応力により風成循環としての赤道海流を駆動する。もし地球が水惑星で海陸分布がなければ，赤道海流は地球を一回りできるので，海面水温の気候値は東西に一様（軸対称）となる。しかし，実際にはアメリカ大陸，アフリカ大陸，ユーラシア大陸，オーストラリア大陸の存在で，太平洋，大西洋，インド洋のように区分される。太平洋の赤道付近に注目すると，貿易風によって引きずられた赤道海流は海洋大陸（インドネシア付近の海洋と陸域が混在する地域）でせき止められ，海流は高緯度に向きを変え，中緯度の偏西風の応力で東向きに流れることで，北太平洋と南太平洋に1対の亜熱帯環流を形成する。この時，太陽放射により加熱された暖かい海水は，赤道海流のために西部太平洋に蓄積され，ここに暖水塊（ウォームプール）を形成する。一方，太平洋東部では赤道海流を補償するように深層水が湧昇するため，栄養塩に富んだ冷水に覆われる。そのため，赤道太平洋の西部で海面水温が高く，東部で海面水温が低くなる。この東西の海面水温の差に駆動されて，海洋大陸周辺で上昇気流が発生し，大気上層で西風となり，ペルー沖で下降気流，そして大気下層で東風となって海洋大陸に戻って一巡するような東西循環が形成される。この赤道上の対流圏内を東西方向に一回りする循環を，発見者の名前をとってウォーカー循環という。

　ウォーカー循環は狭義では太平洋上の東西循環を指すが，広義では海洋大陸での上昇流がインド洋方向に向かって一巡するような東西循環と大西洋での東西循環もすべて含めてウォーカー循環と呼ぶ。図6-3は年平均した大気下層（850 hPa）と上層（200 hPa）の発散風とその収束

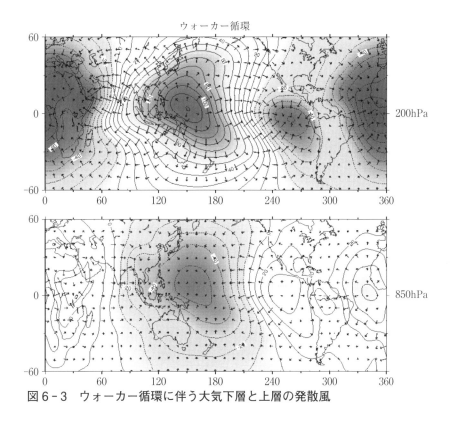

図6-3　ウォーカー循環に伴う大気下層と上層の発散風

発散を示す。ただし，発散風の帯状平均成分はハドレー循環に含まれるので，これは帯状平均からの偏差の図である。大気下層の 850 hPa では，ペルー沖の東部赤道太平洋から西部赤道太平洋に向かう東風があり，ウォームプールのある領域で発散風は収束し，そこで上昇流が形成される。上層の 200 hPa ではウォームプール上で上昇気流が発散し，その一部は東部赤道太平洋に向かい，そこで下降流を形成すると同時に，より大きな収束がアフリカ西部に見られる。ウォームプール上の上昇気流の一部は上層で東風となってアフリカ西部で下降流となっている。この地

球規模の壮大な東西循環がウォーカー循環である。ウォームプール上の上昇気流は上層で東西方向だけでなく南北方向にも発散しているので，広義には海洋を含む地表面の熱的コントラストによって駆動されるこの全体的な循環をウォーカー循環と定義することが可能である。

　ウォーカー循環の特徴を示した図6-3は発散風の年平均図なので，ここにモンスーン循環は含まれない。したがって，海陸の熱的コントラストにより季節的に反転するモンスーン循環は，図6-3の年平均からの偏差に含まれることになる。図6-4と図6-5は発散風の東西平均をハドレー循環として除去し，さらにその年平均をウォーカー循環として除去した残りの成分に見られるモンスーン循環の特徴を示す。北半球の

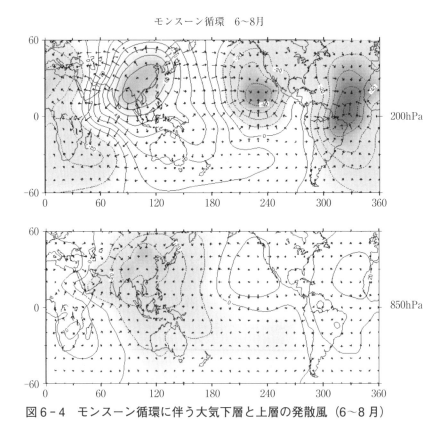

図6-4　モンスーン循環に伴う大気下層と上層の発散風（6〜8月）

モンスーン循環　12〜2月

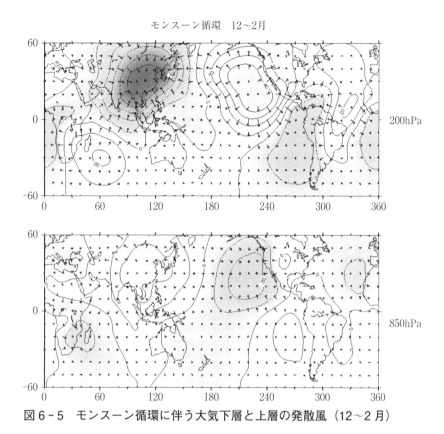

図6-5　モンスーン循環に伴う大気下層と上層の発散風（12〜2月）

夏季（6〜8月）にはアジア大陸の大気下層に発散風の収束域があり，ここで上昇した気流は大気上層で発散し，主な下降流域がカリフォルニア沖の東部北太平洋とブラジル北の赤道大西洋に見られる。上層でアジアから南インド洋に向かう気流が見られ，下層で南インド洋からアジアに向かう気流が見られるが，これがインドモンスーンの循環である。一方，北半球冬季（12〜2月）にはアジア大陸上に顕著な下降流があり，下層で発散している。対となる下層の上昇気流はカリフォルニア沖の東

部北太平洋に見られる。これは冬のアジアモンスーン循環の特徴である。

　基本的には北半球の夏季に大陸上で上昇気流が起こり，海洋上で下降気流となるのに対し，冬季には大陸上で下降気流が起こり，海洋上で上昇気流となって季節的に反転するモンスーン循環が現れている。上で説明したハドレー循環に代表される軸対称の大気大循環に，海水面や海陸の熱的コントラストで駆動されたウォーカー循環やモンスーン循環が重なることで，大気大循環は複雑な流れとなることが分かる。

6.4　極渦とプラネタリー波

　中緯度の偏西風には，ハドレー循環の角運動量保存則に従い亜熱帯の対流圏上層で形成される亜熱帯ジェット気流の他に，亜熱帯と寒帯の気団の境界で温度風として形成される寒帯前線ジェット気流がある。寒帯前線ジェットとその周辺の温度勾配は温度風の関係にある。寒帯前線ジェット気流は温帯低気圧の発達や移動に伴い，大きく蛇行し，時々刻々と姿を変えるため，帯状平均図には見られないことが多い。

　一方，極域の成層圏では，冬季に北極圏で発生する極夜のため，放射冷却で気温が低下し，日の当たる極夜周辺との間で大きな温度傾度が発生する。すると，温度風関係式に従って成層圏では極夜を取り巻くように偏西風が強化される。これが極夜ジェット気流であり，北緯60度付近にそのジェット軸が見られる（図6-2）。北極を中心とした地図投影でこの極夜ジェット気流を見ると，北極を中心とした巨大な渦のように見えることから，これを極渦という。成層圏の極渦は，冬季の極夜が発生する際に最も強くなり，夏季には衰退する。南半球の冬季には南極大陸の上空の成層圏で非常に強い極渦が発達し，極渦の内部が放射冷却により極低温となる。極渦を形成する極夜ジェット気流が南極上空に寒気を閉じ込め，中緯度の温和な空気塊との混合を妨げる働きをしている。

この極低温が極成層圏雲を形成し，春先に太陽の光が戻ってくる頃に，オゾンホールを形成する。北半球でも同様に北極圏では放射冷却により低温となるが，極夜全体を極成層圏雲が覆い尽くすようなことはない。これは，北半球では次に述べるプラネタリー波が発達することによる。

　低緯度では，海陸分布の存在がウォーカー循環やモンスーン循環などの熱帯循環を生み出すと述べたが，偏西風が卓越する中緯度では，海陸分布の存在に加えてチベット高原やロッキー山脈などの大規模山岳が偏西風ジェットを地球規模で南北に蛇行させる働きをする。ユーラシア大陸やアメリカ大陸の西岸では，偏西風ジェットは南風成分を得て高緯度に向かって蛇行し，温和な西岸海洋性気候をもたらす。逆にユーラシア大陸東岸やアメリカ大陸東岸では，北風成分を得て低緯度に向かって蛇行し，北極圏の寒気を南下させるようになる。ヨーロッパなどの大陸の西岸では南風成分により暖気が北上して気温が上がり，上層では高気圧が北に張り出して気圧の尾根（リッジという）が形成される。逆に日本などの大陸の東岸では，北風成分により寒気が南下して気温が下がり，上層では極渦の一部が南に張り出して気圧の谷（トラフという）が形成される。このように大規模山岳の力学的効果や海陸分布の熱的コントラストにより，大陸規模で偏西風ジェットがトラフとリッジを形成し，波となって蛇行する。このような波長が1万kmもある地球規模の波のことをプラネタリー波という（図6-6）。

　北半球ではプラネタリー波の影響で極渦にトラフとリッジが重なることで，同心円の極渦が楕円形や時には三つ葉や四つ葉の形のように変形を受ける。プラネタリー波の主なトラフとリッジの数は東西方向の波数といい，波は移動するとともに増幅や減衰をすることで，ジェット気流の蛇行をもたらしている。北半球では大規模山岳の影響等でプラネタリー波が増幅し，南北の熱交換により北極圏の気温を押し上げる効果を

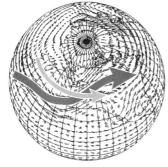 

500hPaの風ベクトル
（1989年1月24〜28日平均）

500hPaの風ベクトル
（1989年2月3〜7日平均）

図6-6 ジェット気流の蛇行とプラネタリー波

もたらす。そのため，極渦内部の温度が上がり，極成層圏雲の発達を抑え，オゾンホールの形成を阻止している。それに対し，南極大陸の周囲が海で覆われている南半球では，プラネタリー波が増幅することなく寒帯ジェットや極夜ジェットが強化され，極渦が同心円状に発達する。そのため，極渦内部に寒気が蓄積され，極成層圏雲，そしてオゾンホールが形成される。このように，北半球のプラネタリー波は，南北の熱交換をもたらし，極渦内部の温度を上昇させるという効果をもたらす。

　異常気象をもたらす中緯度偏西風帯でのジェット気流の蛇行とは，プラネタリー波の増幅と同義である。プラネタリー波がエネルギーを得て増幅し，偏西風ジェット気流が南北に大きく蛇行すると，時にジェット気流が南北に分流し，南の亜熱帯ジェットと北の寒帯ジェットの間に高気圧と低気圧の渦対が形成され，長期間持続することがある。この渦対をブロッキングと呼ぶ（図6-7）。北側の高気圧がブロッキング高気圧で，南側の低気圧は切離低気圧と呼ばれる。ブロッキングには渦対を持った双極子型と切離低気圧を伴わないオメガ型があるが，ジェットが分流

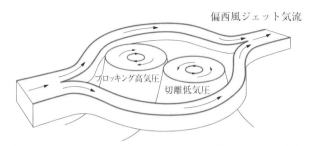

偏西風ジェット気流

ブロッキング高気圧　　　切離低気圧

図6-7　ブロッキング高気圧と切離低気圧によるジェットの分流 （田中，2007）[1]

する点では共通している。偏西風はブロッキングによりブロックされて南北に分流し，ジェットの蛇行が長期間継続することから，各地に異常気象（顕著現象）をもたらすため，古くから注目されてきた。

　対流圏でプラネタリー波が増幅し，ブロッキングが長期間継続するような時には，増幅したプラネタリー波が成層圏に向かって鉛直伝播し，極渦を大きく変形することがある。極渦が楕円形に延びて，ついには2つに分裂してしまうことがある。これは波数2型のプラネタリー波の増幅による。この時，極渦の中央にあたる北極点の気温が，数日で40℃以上も急上昇することがある。この現象を成層圏突然昇温という。

　アリューシャン上の成層圏でアリューシャン高気圧が発達することで，それに押し出されるように極渦の中心が北極点からずれ，北極点が高気圧に覆われて昇温するタイプもある。これは波数1型のプラネタリー波の増幅による。成層圏突然昇温が発生するような年の極域成層圏の気温は高くなるので，オゾンホールのような現象は発生しない。南半球でもまれにプラネタリー波の増幅や成層圏突然昇温が起こることがあり，その際にはオゾンホールは発生しにくくなるといえる。

研究課題

1) 温帯低気圧周辺の暖気と寒気の動きを調べ，その動きを東西平均するとフェレル循環が見えてくることを確認しよう。そして高緯度で暖気が上昇し，低緯度で寒気が下降する様子を図に描いて確認しよう。
2) ハドレー循環，ウォーカー循環，モンスーン循環の特徴を図示し，それぞれの循環の駆動力の違いを考察しよう。

引用文献

1) 田中　博（2007）『偏西風の気象学』成山堂書店，174pp.

7 | 雲と降水

伊賀啓太

《**学習のポイント**》 大気中に含まれている水蒸気が凝結して雲になる。さらに雲粒が成長して大きくなり，雨や雪が降ってくる。空に浮かぶ雲，空から降ってくる雨や雪といった，多くの人にとってなじみあるこれらの身近な現象は，いくつかの複雑な過程を経てもたらされる。本章では，大気の中に含まれる水蒸気が凝結して雲ができ，降水となって地上に降ってくるまでの一連の過程を一つひとつひもといて理解していこう。
《**キーワード**》 飽和水蒸気圧，エアロゾル，凝結核，雲，雨，雪

7.1 水蒸気・雲粒・降水粒子

　地球の大気には水分が含まれている。この水分が時と場合によってさまざまな形態をとることは地球の大気の大きな特徴であり，私たちがふだん見ている天気を生み出す根本的な要因の一つとなっている。

　ところで，水分がさまざまな形態をとるといった時，気象学的には，水蒸気・雲粒・降水粒子と分けて考えることが多い。気象学以外の分野，例えば化学で水（化学物質としての水）がさまざまな形態をとるといえば，水蒸気（気体の水）・水（液体の水）・氷（固体の水）という三態を考えることが多いが，この水の三態とは対応していない。水蒸気だけは気体の水として同じ分類がされているが，雲粒と降水粒子は液体と固体で区別されるのではなく，粒子の大きさで区別される。気象では空気中で水の粒子がどのように運動するのかが重要であり，その点に関しては，

水が液体か固体かよりも粒子の大きさの違いの方が大きく効くために，このような分類をするのである。雲は空に浮かんでいるものであるのに対して，雨や雪などの降水は降ってくるという違いがあるが，それは粒子の大きさの違いから来る。もちろん，大きさの違いは連続的に変化するものなので明確な境目があるわけではないが，目安として 100 μm（0.1 mm）より小さい水滴は雲粒，大きいものは雨粒となる。

7.2　上昇流と断熱膨張

　空気中に含まれている水蒸気は，それだけでは降水にならない。いくつかの過程を経てようやく降水に至る。まず，最初の段階として，気体である水蒸気が凝結して雲になる必要があるが，多くの場合，空気の温度が下がることによって起こる（7.4 節で詳述する）。

　それでは，空気の気温はどのようにして下がるのであろうか。もちろん，空気が何らかの形で冷却されて気温が下がるということはその一つの過程であり，赤外放射によって熱エネルギーが奪われて温度が下がるようなこともある。

　しかし，大気の中で生じるそれ以上に典型的な過程として，空気が周囲と熱のやり取りをすることなく（冷却することなく）空気の温度が下がる過程が存在する（環境との熱のやり取りをしないことを断熱という）。環境との熱のやり取りを断ちながら空気の体積を大きくすると，気温が下がるのである。

　空気は実際には熱運動をする無数の分子から成り立っているが，これは空気の周囲（例えば空気を入れている容器）にぶつかって圧力を形作っている（図 7 - 1 (a)）。ところが，この空気を膨張させて体積を大きくすると，膨張させつつある途中では，空気の分子は外向きに運動している容器の壁にぶつかることになる（図 7 - 1 (b)）。その結果，反射して

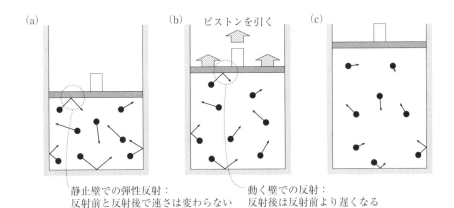

静止壁での弾性反射：
反射前と反射後で速さは変わらない

動く壁での反射：
反射後は反射前より遅くなる

図7-1　空気を断熱的に膨張させた時の温度変化

(a)空気の分子は壁に弾性衝突をして力を与えており，これが気圧として測定される。また，この分子の運動の激しさが温度の指標となる。
(b)ピストンを引いていく途中では，この部分の壁で反射する気体分子は入射時より反射後の方が速度は遅くなる。
(c)その結果，ピストンを引いて体積を大きくすると，分子の平均運動速度は小さくなり，これは温度が下がったことを意味する。

戻ってくる空気の運動の速さは遅くなり，空気の熱運動のエネルギーが小さくなる（図7-1(c)）。つまり温度が低くなるのである。断熱的に（周囲と熱のやり取りをすることなく）空気の体積を大きくすることを断熱膨張といい，空気を断熱膨張させた結果，その温度は下がることになる。これを断熱冷却という。

　では，実際の大気中で空気が断熱膨張するのはどのような時であろうか。空気は周囲の空気の気圧と調節しようとするので，気圧の低いところに運ばれると，その空気も気圧を下げようと膨張する。第2章で見たように，一般に地球の重力の影響下にあり，静水圧平衡の状態にある大気では，上空にいくほど気圧が低くなっているから，空気は下層から上

層に移動すると気圧が下がることになる。つまり，上昇流があると気圧が下がり，断熱膨張して気温が下がるというわけである。

7.3 飽和水蒸気圧

　このように気温が下がることによって雲は形成されるのであるが，その説明に進む前に，液体の水と水蒸気との間の相変化について触れておきたい。

　図7-2 (a) のように液体の水と水蒸気が共存して接している状態を考える。最初，水蒸気がほんのわずかしかなかったとしよう。時々刻々，液体の水の一部は蒸発して水蒸気になる。それにつれて当初少なかった水蒸気の圧力も徐々に高くなっていく（図7-2 (b)）。

　ところが，液体の水は際限なく水蒸気になるわけではない。水蒸気の一部は凝結して液体の水へと戻ってくるからである。しかも，その割合

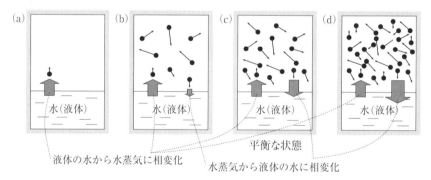

図7-2　液体の水と水蒸気の平衡状態
(a)最初，液体の水だけを入れても，その一部が蒸発して水蒸気となる。
(b)水蒸気が増えてくると，逆に凝結して水になる水蒸気も増え，差し引きした水から水蒸気への変化は次第にゆっくりとなる。
(c)水蒸気の圧力がある値になると，液体の水から水蒸気への蒸発と水蒸気から液体の水への凝結が同じ割合で起こるようになり，それ以上は水蒸気の圧力は増えなくなる。
(d)最初に水蒸気が(c)より多い状態であると，蒸発する水より凝結する水蒸気の方が多く，差し引きして水蒸気から水へと変化していくので，最終的にはやはり(c)の状態へと向かっていく。

は水蒸気の圧力が高くなるに従って大きくなる。そのため，水蒸気の圧力がある値にまで高くなると，液体の水から蒸発して水蒸気になる割合と水蒸気が凝結して液体になる割合が同じになって，差し引きするとそれ以上には水蒸気の圧力が上がらなくなるのである（図7‑2（c））。このように双方の変化の割合が同じになって，全体的な状態が変わらなくなる状態を相平衡にあるという。

　ここまで，もともと水蒸気の量が少ない状態から始めて最終的に相平衡な状態になる過程を見たが，最初に水蒸気の量がもっと多い状態（図7‑2（d））から出発しても，同様の過程が起こる。この場合は，水蒸気に蒸発する水よりも水に凝結する水蒸気の方が多いため，差し引きして水蒸気から水への変化が進み，いずれは両方の変化の割合が同じになる図7‑2（c）の状態になっていくのである。

　相平衡にある水蒸気の圧力は温度とともに変化するが，この（温度によって決まる）圧力のことを飽和水蒸気圧という。温度が高くなると液体の水から水蒸気に蒸発する量が多くなるため，それと同じ割合で水蒸気が液体の水に凝結するためには水蒸気が大きな圧力を持っている必要がある。そのため飽和水蒸気圧の値は温度とともに大きくなる。実際にはその温度依存性は非常に大きく，気温が10℃上がると飽和水蒸気圧は2倍程度にもなる（図7‑3（a））。

　さて，ここまでは十分な液体の水がある状態を考えたが，次に，最初は液体の水がない状態を考えてみよう。どのような状態に到達するかは水蒸気の圧力が飽和水蒸気圧より大きいか小さいかで大きく異なってくる。

　水蒸気の一部は凝結して液体の水になろうとする。ところが，水蒸気の圧力が飽和水蒸気圧より小さい場合には，水蒸気が液体の水に凝結する割合も大きくない。いったん液体の水ができると，そこから一定の割

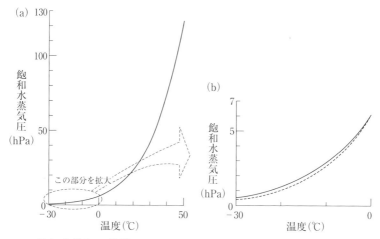

図7-3 飽和水蒸気圧曲線
(a)温度に対する飽和水蒸気圧の依存性。
(b)0℃以下の部分の(水に対する)飽和水蒸気圧曲線を拡大して示したもの。
また，氷に対する飽和水蒸気圧曲線を破線で示す。

合で水蒸気に戻ろうとし，しかもその量は水蒸気が液体の水に凝結する
割合より大きいため，たとえ液体の水ができたとしても，速やかに水蒸
気に戻ってしまう。

　逆に水蒸気の圧力が飽和水蒸気圧より大きい場合には，液体の水の一
部が水蒸気に戻ろうとする割合は水蒸気が凝結して液体の水になるのよ
り小さく，差し引きして水蒸気が液体の水に凝結していく過程が進行す
る。この変化は水蒸気の圧力が飽和水蒸気圧にまで低下して，両方の変
化がお互いに打ち消し合う平衡な状態になるまで続く。

　このような事情は水蒸気以外の気体の存在にあまりよらない。した
がって，空気（厳密にいうと水蒸気以外の空気で，これのことを乾燥空
気という）が大部分を占める中に少量の水蒸気が含まれている場合でも
同様の現象が起こる。水蒸気を含む空気では，「空気に含まれている水

蒸気の圧力が飽和水蒸気圧より小さい場合にはそのまま水蒸気の状態でいるが，大きい場合には水蒸気の圧力が飽和水蒸気圧に下がるまでその一部が凝結して液体の水となる」ことになるが，これは視点を変えると，「空気に含み得る水蒸気の圧力には上限があり，ある圧力の値以上になると水蒸気圧は飽和して凝結してしまう」という見方もできる。

7.4　気温の低下による水蒸気の凝結

　実際の空気に含まれている水蒸気圧が飽和水蒸気圧の何%であるかを湿度（相対湿度）というが，湿度が100%ではなく，空気が含み得る量より少ない水蒸気しか含んでいなくても，飽和水蒸気圧は温度とともに大きくなるから，その気温が下がると飽和水蒸気圧の方が小さくなって，ついには実際に含まれている水蒸気圧より小さくなり，その余剰の分が凝結することになる。

　水蒸気圧 P を含む気温が T_A の空気があったとしよう（図7-4）。た

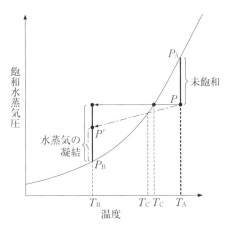

図7-4　気温が下がることによって水蒸気が凝結する様子を示す模式図
水蒸気圧 P で気温 T_A の未飽和な空気の気温を等圧的に下げると，飽和水蒸気圧曲線とぶつかる気温 T_C で凝結が始まり，気温 T_B まで下がった時には $P-P_B$ 分の水蒸気が過剰となって凝結する。全体の圧力が下がる場合には水蒸気圧の分圧もそれに伴って下がるため，気温 $T_{C'}$ で凝結が始まり，気温 T_B まで下がった時には $P'-P_B$ 分の水蒸気が凝結する。

だし，気温 T_A に対する飽和水蒸気圧 P_A は P より大きく，この空気は未飽和である。気圧を一定にしたままこの空気の気温を下げていく。すると，含んでいる水蒸気量に変化がなくても，飽和水蒸気圧がちょうど P になる気温 T_C まで下がったところで，この空気は飽和になって水蒸気の凝結が起こり始める。このように，気圧を一定にしたまま大気の温度を下げていった時に飽和に達する気温 T_C のことを露点温度（露点）という。

　湿度が低い時には露点温度が気温に比べてずっと低い。湿度が高くなると露点温度と気温の差が小さくなり，飽和の状態では気温と露点温度は一致することになる。さらに気温 T_B（その気温に対する飽和水蒸気圧を P_B とする）にまで下げると，$P - P_B$ に相当する分の水蒸気が過剰となって凝結することになる。

　7.2 節で見たような断熱膨張による気温低下の過程では，空気全体の気圧が下がっていくのに比例して含まれている水蒸気の圧力も小さくなるが，気温低下による飽和水蒸気圧の低下の方が圧倒的に大きいため，図 7-4 において，水蒸気の凝結の起こり始めが気温 $T_{C'}$ に，T_B になった時の凝結量が $P' - P_B$ に変更されるだけで，気温低下とともに水蒸気の凝結が進むことには変わりない。

7.5　雲の形成

　以上のようにして，上昇流が起こると断熱膨張によって気温が下がり，飽和水蒸気圧が空気中に含まれている水蒸気の分圧より小さくなることにより水蒸気の凝結が起こる。空気中に水蒸気として存在している水分が凝結して液体または固体の水になることで，雲の形成は起きるのである。

　ただし，実際には飽和水蒸気圧に達する気温より低い温度まで下がっ

ても，必ずしも直ちに凝結して雲ができるわけではない。表面張力の影響のため，凝結の起こり始めに形成されるはずの小さな（したがって表面の曲率の大きな）水滴に対しては実質的な飽和水蒸気圧がこれより大きくなり，（平面の界面に対する）飽和水蒸気圧を超えても凝結が起こらずにいる過飽和という状態になる。水蒸気が液体の水に速やかに凝結するには核となるものが必要となる。核となるものがある場合には，凝結の起こり始めからある程度曲率の小さな界面を通しての過程となり，核がない場合に比べて速やかに液体の水へと凝結が進行するのである。

　雲を作るための核を凝結核（氷の粒になる場合は氷晶核）というが，実際の大気中にはエアロゾルと呼ばれる大気中を浮遊する微粒子があり，これが雲形成のための凝結核となる。エアロゾルには，乾燥地の上を吹く風で巻き上げられた土壌粒子や海面のしぶきから飛び散る海塩粒子，火山噴火によって大気中に供給される粒子の他，自動車や生産活動など人為的に排出される汚染物質など，人間活動起源のものも含まれる。このため，たとえ気温や水蒸気量などの条件が同じでも，陸地の上空の大気か海洋の上空の大気か，都市周辺か人間活動の少ない地域かによって，雲のでき方は影響を受ける。

7.6　雲の形状

　このようにして形成された雲は，その形成過程の詳細や周囲の大気の環境の違いなどからさまざまな形状をとる。昔から，それぞれの形に対応して雲にはいろいろな名前がつけられてきた。

　現在では，雲は大きく対流雲と層状雲とに分けて考えられている。対流雲とは，成層が不安定な大気の中で鉛直方向に発達する雲で，その形成の仕組みについては第10章で詳しく述べる。一方，層状雲とは，大気の成層は比較的安定であるが，大きなスケールの上昇流に伴って広く

表7-1 十種雲形

	高さの目安	名称		記号
対流雲 （積雲系の雲）		積雲	Cumulus	Cu
		積乱雲	Cumulonimbus	Cb
層状雲 （層雲系の雲）	上層雲　6 km ～	巻雲	Cirrus	Ci
		巻積雲	Cirrocumulus	Cc
		巻層雲	Cirrostratus	Cs
	中層雲　2 ～ 6 km	高層雲	Altostratus	As
		高積雲	Altocumulus	Ac
	下層雲　地上～ 2 km	層積雲	Stratocumulus	Sc
		層雲	Stratus	St
		乱層雲	Nimbostratus	Ns

形成される雲である。

　それぞれ形成される高度などによってさらに細分化され，表7-1のような十種雲形と呼ばれる十種類の雲に分類されている。

7.7　雲粒と雨粒の空気中での落下

　雲粒というのはおよそ 100 μm（0.1 mm）より小さな水滴や氷晶で，典型的なものでは 10 μm 程度の大きさしかない。一般に小さな球形の物体が空気中でゆっくりと落下する際の終端速度は，ストークスの法則と呼ばれる公式が知られていて，半径 r の水滴の落下速度は近似的に $v = (2\rho r^2 g)/(9\eta)$ と表される。ただし，ρ, g, η はそれぞれ水の密度，重力加速度，空気の粘性係数を表す。

　半径 10 μm の雲粒にこの公式を当てはめると，この大きさの雲粒の落下速度は 1 cms^{-1} 程度で，数 km の距離を落下するのに数日を要する

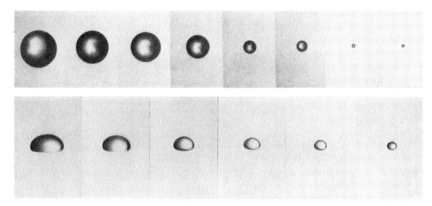

図7-5　風洞実験によって観察された，空気中を落下する雨粒の形状
（Pruppacher and Beard，1970）[1]

ことになり，これではなかなか地上には落ちてこない。雲は，事実上空
に浮かんだままでいられるのである。

　一方，雨粒はおよそ0.1 mm以上，数mm程度までの大きさを持つ（そ
の中でも，特に0.1 mmから1 mm程度の水滴は，霧粒とすることもあ
る）。半径0.1 mmという小さめの雨粒でも落下速度が1 ms^{-1}程度にな
り，1時間程度のうちに地面へ落ちてくる。

　この公式は球形の場合のもので，また，ある程度速度が遅い場合にし
か適用できない。空気中を落下する雨粒は正確には球形をしていない。
空気の抵抗を受けて下が平らになった形に変形し，大きな雨粒になるほ
どその変形が著しい（図7-5）。そのため数mm程度以上の大きな水滴
は不安定になって分裂してしまい，それ以上に大きな雨粒にはなれない。

7.8　雲から雨へ ─暖かい雨─

　7.5節までで水蒸気から雲ができる過程の仕組みが分かったが，雲か
ら雨や雪の降水に至るにはさらにそのための過程を経る必要がある。典

型的な雲粒と雨粒の大きさをそれぞれ 10 μm と 1 mm とすると，雨粒は雲粒の 100 倍の直径を持ち，雨粒が形成されるためには雲粒が 100 万個も集まる必要がある。このように多くの雲粒を集めて大きな降水粒子に成長させるための仕組みは大きく分けて二つあると考えられている。一つは，主に熱帯や，中緯度でも暖候期に降る雨に多い以下のような雨である。

　前節で示した落下速度を求める公式により雲粒の落下速度が非常に遅いことを述べたが，この公式は同時に，大きな雲粒ほどその半径の 2 乗に比例して速く落下することを示している。大きさによる落下速度の違いが以下のような雲粒の成長を促すことになる。

　ある一つの雲粒に注目すると，その雲粒は公式で与えられるような速度で落下していく。ここで，雲の中にある雲粒の大きさがどれも完全に同じ大きさであったとしよう。その場合には，周囲の雲粒も全く同じ大きさの速度で落下するので（図 7 - 6（a）），雲粒どうしの相対位置は変わらず，雲粒を成長させる仕組みは働かない。

　しかし，実際には雲粒の半径には分布があって，周囲の雲粒より大きなものもあれば小さなものもある。周囲の雲粒より少し大きな雲粒は落下速度が速いので，自分より下にある（自分より小さくて落下速度が遅

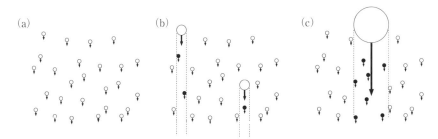

図 7 - 6　雲粒の併合の原理
（a）同じ大きさの雲粒は同じ速度で落下し，相対的な位置が変わらない。
（b）大きな雲粒が混じっていると，周囲の雲粒より落下速度が大きいため，それより下の小さな雲粒と衝突併合していく。
（c）周囲の雲粒との大きさの差が大きくなると，衝突する範囲が広がり，速度差も大きくなり，効率よく衝突併合が起こる。

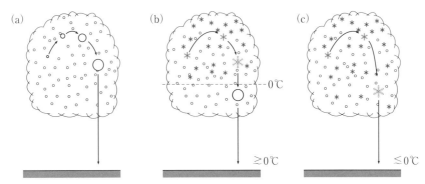

図 7 - 7　降雨・降雪の仕組み　(a) 暖かい雨　(b) 冷たい雨　(c) 雪

い) 雲粒に追い付いて衝突する (図 7 - 6 (b))。そのうちいくつかの雲粒とは併合を起こし，その結果さらに大きな雲粒となる。すると，周囲の雲粒との速度差はさらに広がり，周囲の雲粒を取り込む範囲も広がって衝突併合を起こしやすくなり，雲粒は加速度的に大きくなっていく(図 7 - 6 (c))。

　このようにしてどんどん成長した雲粒は，もはや空気中に浮いているとは言い難い速さで地面に落ちてくることになり，地上では雨として観測されるようになる (図 7 - 7 (a))。このようにして降る雨を，次節で説明する過程と対比させて暖かい雨と呼ぶ。

7.9　雲から雨・雪へ ─冷たい雨─

　雲から雨になる過程としては，前節で述べたようなもの以外にもう一つの仕組みがある。特に中高緯度では，本節で説明するような仕組みで形成されることが多く，全地球で見ると，むしろこちらの過程の方で形成される雨の方が多い。

　これは，気体と液体だけでなく固体の水，つまり氷の状態を仲介する

ものである。水蒸気が飽和して雲ができた後，雲を含む空気がさらに上空に上昇すると，断熱膨張によってさらに気温が下がり，0℃を下回るようになる。通常温度が0℃より下がると，液体の水は凝固して固体の氷となるが，核となる不純物の少ないきれいな水を静かにゆっくり冷却すると，0℃を下回ってもそのまま液体の水であり続けることがある。このように温度を0℃以下に下げた液体の水を過冷却水という。雲粒の場合は速やかに凝固せず，過冷却水の状態にあるものが多い。

　0℃以下になった雲には多くの過冷却水が含まれているのであるが，この温度域での飽和水蒸気圧を考える時には気をつけなければならないことがある。過冷却水から蒸発して水蒸気に相変化しようとする過程と氷から昇華して水蒸気に相変化しようとする過程との起こりやすさの違いから，過冷却水に対する飽和水蒸気圧と氷に対する飽和水蒸気圧は値が異なるのである。図7-3（b）に示すように，氷に対する飽和水蒸気圧の方が小さな値をとる。

　氷と過冷却水と水蒸気が共存する状態ではどのようなことが起こるであろうか？　過冷却水と水蒸気が共存すれば，7.3節で説明したのと同様の過程を経て，水蒸気の圧力は過冷却水に対する飽和水蒸気圧になろうとする。ところが，ここには氷も共存するので，この水蒸気圧では水蒸気から氷へと差し引きの相変化が進行し，水蒸気圧はこれより小さくなろうとする。一方，その値が氷に対する飽和水蒸気圧まで下がってしまうと，氷と水蒸気の間では平衡に達するが，今度はこの水蒸気圧は過冷却水に対しては小さいので，過冷却水から水蒸気に相変化が進行し，水蒸気圧は大きくなろうとする。水蒸気圧は，氷に対する飽和水蒸気圧（P_I）と過冷却水に対する飽和水蒸気圧（P_L）の中間の値（P_V）になろうとする（図7-8（a））。

　ところが，水蒸気圧が両飽和水蒸気圧の中間になっている状態という

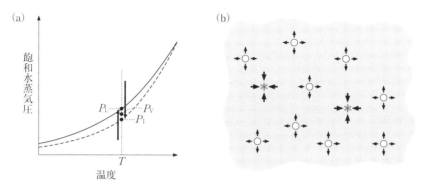

図7-8 冷たい雨の成長の仕組み
(a)0℃以下の過冷却水と氷に対する飽和水蒸気圧曲線。過冷却水と氷が共
存する時の周囲の水蒸気圧が両者の中間の値にあるとする。
(b)過冷却水と氷が共存する時の氷晶の成長の様子。過冷却水から蒸発して
水蒸気となり,水蒸気が昇華して氷が成長する。

のは,過冷却水に対しては未飽和(飽和より小さい)であるので過冷却
水から水蒸気へと相変化が進むが,氷に対しては過飽和(飽和より大き
い)であるので水蒸気から氷晶へと相変化が進む(図7-8(b))。全体
としては,過冷却水が水蒸気の状態を経てどんどん氷へと変わっていく
ことになる。たくさんある小さな過冷却水の水滴に対して氷晶(氷の結
晶)が少数しかない状態にあれば,最初はそれが小さなものであっても
氷晶が大きな雪の結晶へと成長していく。さらに,暖かい雨の成長と同
じように,このような氷晶がさらに過冷却水を捕捉したり,氷晶どうし
の衝突により併合したりすることによって大きく成長していく。このよ
うにして落下速度が十分に大きく降水となる粒子が形成されることにな
る。
　大きく成長した氷の粒子は落下していくが,地面付近に降りてくるに
つれて周囲の気温が上がる。やがて0℃を超えると融解して液体の水と

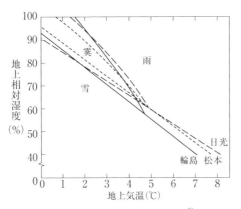

図7-9 気温・湿度と雨・雪（松尾・藤吉，2005）[2]
地上気温と相対湿度に対して観測される降水が雨か雪か霙(みぞれ)かのいずれになっ
たかを分類した結果。

なって，地上に大きな液体の水の粒子として落ちてくる雨粒となるので
ある（図7-7(b)）。このような過程を冷たい雨あるいは氷晶雨と呼ぶ。
　なお，地面付近も含めて大気の下層まで気温が0℃以下の場合は氷の
粒はそのまま融解せず固体のままで落ちてきて雪となる（図7-7(c)）。
気温が0℃より多少高い場合でも，降水が雨とならずに雪となることも
ある。これは，一つには落下している最中に周囲の気温が0℃より高く
なっても直ちには氷が融解しないということもあるが，氷の一部が昇華
して水蒸気になる際に，昇華熱を奪うことによって冷却された状態が保
たれるという効果が大きい。そのため，大気下層や地表面付近での湿度
が低いほど，気温が高くても雪の降水が見られる傾向にある（図
7-9）。

7.10 雪の形状　ダイアグラム

　雪は固体の水である氷でできているので，氷の結晶の形である六角形

をしている。しかし，六角形といっても実際の形は非常に多様である。基本的な形として六角形の板状の形をしているものから，長く六角柱の柱状の形をしているものまである。さらには，同じような縦と横の比を持った結晶であっても，細かい構造が千差万別であることが知られてきた。

　しかし，その基本的な形は，実は，この雪の結晶が形成された上空の場所の気温と湿度で決まっていることが中谷宇吉郎によって明らかにされて，このまとめられた結果は中谷ダイアグラムと呼ばれている。図7-10にその結果を改良した小林によるダイアグラムを示す。このようなダイアグラムを逆に用いると，雪の結晶の形を見ることにより，それが形成された上空の大気の状態に関する情報を得ることができる。中谷宇吉郎の言葉「雪の結晶は，天から送られた手紙である」[4]と表現されるとおりなのである。

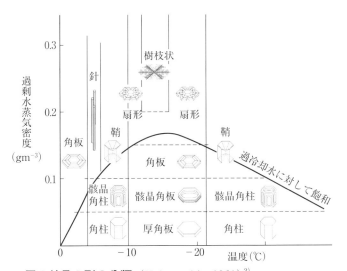

図7-10　雪の結晶の形の分類（Kobayashi, 1961）[3]
気温と過剰な水蒸気密度に対して，どのような形の雪の結晶ができるかを示したもの。

研究課題

1) 同じ温度の過冷却水と氷を比べると，過冷却水の方がより多く水蒸気に相変化しようとしている。これを 7.3 節の議論に応用して，過冷却水に対する飽和水蒸気圧の方が大きいことを説明してみよう。

2) 実際に見て印象に残った雲を記録し，その雲の種類を調べてみよう。雲が出ていた時の天気図や衛星画像を確認し，その雲が発生した背景状況をまとめてみよう。

引用文献

1) Pruppacher, H. R. and Beard, K. V. (1970): A wind tunnel investigation of the internal circulation and shape of water drops falling at terminal velocity in air. Fig. 3, Fig. 5, p.253, *Quart. J. R. Met. Soc.*, 96, pp.247-256.

  Publisher: John Wiley and Sons

  Date: Dec 19, 2006, Copyright © 1970 Royal Meteorological Society

2) 松尾敬世・藤吉康志 (2005): 雪片等の融解メカニズム.『気象研究ノート　第 207 号「雪片の形成と融解─雪から雨へ─」』日本気象学会, pp.75-114.

3) Kobayashi, T. (1961): The growth of snow crystals at low supersaturations. *The Philosophical Magazine: A Journal of Theoretical Experimental and Applied Physics*, 6, pp.1363-1370.

4) 中谷宇吉郎 (1994)『雪』岩波書店 .

参考文献

* 小倉義光 (1999)『一般気象学』(第 2 版) 東京大学出版会 .
* 小倉義光 (1997)『メソ気象の基礎理論』東京大学出版会 .

8 | 温帯低気圧

伊賀啓太

《**学習のポイント**》 天気予報では，低気圧といえば雨風をもたらすものとして知られている。低気圧にも種類があるのであるが，通常ただ単に低気圧という場合には，温帯低気圧を指すことが多い。日本のような中緯度に位置する地域では温帯低気圧はごくありふれた存在であるが，どうして低気圧がくると天気が悪くなるのであろうか。本章では温帯低気圧の実際の様子やその発生の仕組みを学び，さらには大きな地球規模のスケールの大気の運動にも影響を与えていることを見ていく。

《**キーワード**》 温帯低気圧，移動性高気圧，前線，水平温度傾度，傾圧不安定，偏西風波動

8.1 高気圧・低気圧とは

　天気予報では，高気圧や低気圧という言葉が頻繁に出てくる。高気圧と低気圧とはどのようなものであろうか。文字どおり気圧が高いあるいは低いということには違いないが，どれくらい高いあるいは低いのが高気圧や低気圧であるかという絶対的な基準はない。高気圧や低気圧というのは周囲との相対的な関係で決まり，気圧が周囲より高いところを高気圧，低いところを低気圧という。気圧の絶対的な値そのものの大小よりも，気圧が周囲と比較して高いか低いかということの方が天気と関連してくるのであるが，次節でその説明から始める。

8.2 摩擦風

　高低気圧と天気の結び付きを説明する準備として，地衡風が地面の影響を受けた場合にどのように変わるかについて考える。上空で吹く風は第5章で解説したような地衡風でよく表されるが，地上付近では事情が変わってくる。実際，地上天気図を見ると，等圧線に平行に風が吹くという地衡風の性質は必ずしも成り立っているようには見えない。

　地衡風というのは，気圧傾度力とコリオリの力がつりあって平衡状態となっている風であるが，地面付近ではこれ以外にも地面との摩擦力が無視できなくなってくる。そのため地面付近の風を考えるためには，気圧傾度力・コリオリの力・摩擦力のつりあいを考える必要がある。

　この三力のつりあいの様子は，それぞれの力の働く向きを考えることで分かる。気圧傾度力は気圧の高い方から低い方へ，等圧線に垂直な方向に働く力であった。一方，コリオリの力は風の向きに対して（北半球では）直角右向きに働く力であった。そのため，この二力がつりあう地衡風では，風は気圧が高い方を右に見るように等圧線に平行に吹くと導くことができた。

　それに対して摩擦力の向きを厳密に判断することは難しい。しかし，おおよそ風の向きに対して反対向きだと考えてよい。すると，気圧傾度力・コリオリの力・摩擦力の三力がつりあうためには，風は気圧が高い側を右後方に見ながら等圧線を斜めに横切って吹くことになる（図8-1）。このような風を摩擦風と呼んでいる。

　この摩擦風の考えを用いて，低気圧や高気圧の周辺の地面付近の風を考えてみよう。低気圧の周囲では風は反時計回りに回転しながら中心に向かい，逆に高気圧の周囲では風は時計回りに回転しながら周囲に広がっていくことになる（図8-2）。低気圧の中心付近では四方から風が

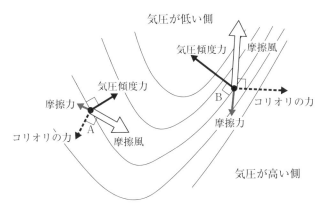

図 8-1　摩擦風とそれに働く力のつりあい
気圧傾度力・コリオリの力・摩擦力の三力がつりあう。北半球では，摩擦風
は気圧が高い側を右後方に見るように，気圧が高い側から低い側に等圧線を
斜めに横切って吹き込む。

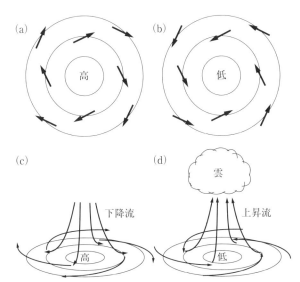

図 8-2　高気圧と低気圧の周辺の風の様子
(a)高気圧まわりに吹く摩擦風。
(b)低気圧まわりに吹く摩擦風。
(c)高気圧の周辺で外に発散する風を補うように下降流ができる。
(d)低気圧の周辺で集まってきた風は上昇流を作る。

集まってくることになる。このような状態を水平収束があるというが，大気の下層に水平収束があると集まってきた風は上方に向かうしかなく，必然的に上昇流が作られることになる。

第7章で学んだことと結び付けることによって，これで低気圧になるとなぜ天気が悪いかを説明できる。低気圧付近では摩擦風によって水平収束ができて上昇流が形成される。上昇流は空気を断熱膨張させて気温を下げ，雲を作って降水をもたらし，悪天へと結び付いたのである。逆に高気圧では下降流が生じて晴天になる傾向にある。

ただし正確には，このような仕組みによる上昇流の形成は，次章での話題である熱帯低気圧で典型的に起きていることで，本章で取り上げる温帯低気圧では，それ以外の仕組みによる上昇流形成の効果も大きいことにも注意しておく必要がある。

8.3 温帯低気圧と熱帯低気圧

代表的な低気圧に温帯低気圧と熱帯低気圧があることはよく知られている。この二つはその仕組みに違いがある。熱帯低気圧は，日本など北西太平洋付近ではその強くなったものを台風ともいい，詳しい性質については次章で調べるが，主に熱帯を中心とした暖かい海水面から水蒸気の供給を受け，その潜熱をエネルギー源として発達する低気圧である。

それに対して温帯低気圧は，中緯度など水平温度傾度の大きな場所で発達する低気圧である。水平に温度傾度がある状態は有効位置エネルギー（取り出すことの可能な位置エネルギー）が大きい。例えば，図8-3（a）のような状態を考えると，ここから（b）のような状態を経て（c）のような位置エネルギーが低い状態に移行することができ（（c）の状態の全空気の重心の高度は（a）の状態より明らかに低い），したがって，その差の分のエネルギーを運動エネルギーとして取り出すことので

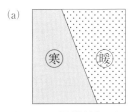
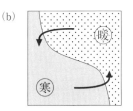
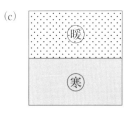

図8-3　温帯低気圧のエネルギー源
(a) 寒気と暖気が水平方向に接している状態。
(b) 有効位置エネルギーを解放しながら運動する。
(c)寒気が下層に入り，最も位置エネルギーが小さくなった状態。

きる状態にある。温帯低気圧はこの有効位置エネルギーをエネルギー源
として発達する。

8.4　地上で見る温帯低気圧の構造

　水平温度傾度の大きな場所で発達する温帯低気圧は，その環境自体が
等方的でないことから，図8-2のような軸対称な形にはならない（そ
れに対して，熱帯低気圧の方がきれいな円形をしている）。

　大きな水平温度傾度は温帯低気圧の発達とともにその傾度をさらに強
くし，温帯低気圧の周囲には水平温度傾度が特に大きなところ，少し位
置を変えただけで気温が大きく変化する場所が線状に存在することにな
る。このような場所を前線という。元の水平温度傾度の大きな場所は低
気圧の反時計回りの回転とともに低気圧の周囲を回転しながら移動し，
一般的には，低気圧の西～南西側にある寒冷前線と東～南東側にある温
暖前線を形作ることになる（図8-4）。

　寒冷前線では気温の低い寒気の側から前線に向かって風が吹き，それ
によって持ち上げられた上昇流が生じて，比較的狭い地域に激しい雨が
もたらされる。一方，温暖前線では気温の高い暖域の側から前線に向か

う風が吹くことになり，前線を滑昇してできる上昇流によって，比較的広い範囲に雨を降らせる。

　寒冷前線と温暖前線はともに低気圧の周囲を同じ反時計回りに進むが，一般に寒冷前線の方が移動速度が速く，時間が経ってよく発達した低気圧では寒冷前線が温暖前線に追い付いた状態になることがあり，このような前線を閉塞前線と呼ぶ。また，前線は寒気と暖気のどちらに移動することもなくほぼ留まっていることもあり，このような前線は停滞前線と呼ばれる。

8.5　温帯低気圧の立体構造

　地上天気図に見られる低気圧は前節で述べたような特徴を持っているが，低気圧はその上空にも対応する特徴を有し，立体的な構造を持っている。地上で低気圧が見られる時には上空でも対応する低気圧が見られるのである。

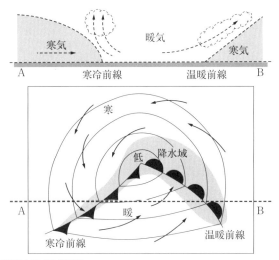

図8-4　温帯低気圧の構造
地上天気図で見られる典型的な温帯低気圧の様子。寒冷前線と温暖前線を切るABでの断面を上に示す。

　ただし，一般に上空では強い偏西風が吹いていることに対応して極側
の気圧が低く，赤道側の気圧が高くなっており，基本的には等圧線が東
西に向いて並んだ気圧分布になっている。そのため，その上に少しくら
い気圧の低いか所ができても，地上の低気圧に見られるように等圧線が
閉じたり，風が一周ぐるっと回ってきたりはせず，等圧線とそれに対応
した偏西風が南北に蛇行する形をとる。これを偏西風波動と呼ぶ。その
ため，上空に関しては低気圧・高気圧とはいわず，極側の気圧の低い領
域が低緯度側に張り出したところを気圧の谷，逆に高圧域が高緯度方向
に曲がったところを気圧の尾根という。しかし，これらは本質的には，
地上での低気圧・高気圧と同じものである。

　上空の気圧の谷は地上の低気圧の真上にあるわけではなく，発達する
低気圧に関しては，上空の気圧の谷は，地上の低気圧の場所より西にず
れた場所に位置する傾向にある（図 8 - 5）。東西方向の断面図を作ると，
気圧の低くなる（低気圧や気圧の谷の存在する）場所は高度とともに西

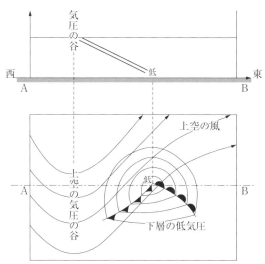

図 8 - 5　温帯低気圧と上空の風との位置関係
温帯低気圧と上空の気圧の谷の位置の相対関係を示した図。上空に行くほど
気圧の谷の軸が西に傾く。

にずれていく。この性質は「気圧の谷の軸が西に傾く」と表現され，低気圧が発達する一つの目印となる。

8.6 高・低気圧の連なり

　ここまで，一つの温帯低気圧の構造や性質について述べてきたが，地球上には複数の温帯低気圧がある。温帯低気圧が存在するのは基本的に南北気温傾度の大きな中緯度帯で，一般的には図8-6のように数個の温帯低気圧が東西方向に並んで存在している状態になる。温帯低気圧どうしの間は相対的に気圧の高い領域，つまり高気圧となる。

　中緯度の南北気温傾度の大きな場所というのは，第5章で学んだように上空に強い偏西風が吹いている緯度帯であるので，このようにして東西に交互に並んだ温帯低気圧と高気圧は，この偏西風に移流されて，西から東に進んでいくことになる。そのため，ここで述べたような高気圧は移動性高気圧とも呼ばれる。ある決まった場所に留まって観測していると，温帯低気圧と移動性高気圧が西から東へ進んでいく状況は，西から交互に低気圧と高気圧がやってくる現象として捉えられる。日本で春や秋によく見られる，数日で周期的に天気が変わる現象は，この状況と関係が深い（第11章で触れる）。

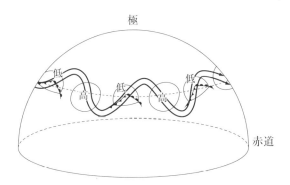

図8-6　温帯低気圧と移動性高気圧の連なり
温帯低気圧と移動性高気圧は中緯度で東西方向に交互に並んで連なる。

8.7 不安定の概念

　ここまで温帯低気圧の構造について見てきたが，さらに低気圧がどのようにしてできるのかについて述べていきたい。自然界の現象の時間変化に関して不安定と呼ばれる基本的な概念があり，温帯低気圧の発生メカニズムは一種の不安定現象として考えられている。そこでここでは，不安定という概念について，簡単な例を用いて基本的な説明をしておこう。

　図8-7（a）のように，山や谷のある道がある。その A，B，C の3か所に置いたボールが，今後，このままその場所にあり続けるかどうかを考える。A の位置は水平でなく斜めになっているから，ここに置いたボールがその場に留まり続けないことは，直観的にすぐ分かる。一方，B と C は斜めになっておらず，局所的に水平な場所なので，理想的な状況を考えれば，B の場所でも C の場所でもボールはそのままずっとそこに留まっていられるはずである。このような状態を定常であるという。しかし，B はともかく，C の場所でボールがそのまま留まっているとはとても思えないであろう。

　確かに，寸分の誤差もなく，きっちり C の場所に完全に静かにボールを置けば，このまま留まっているのかもしれない。しかし，実際には，厳密に C の場所に置いたつもりでも，その場所がほんの少しずれているかもしれないし，静かに置いたつもりでも，ほんの少しどちらかに動きが加わっていたかもしれない。あるいは，ボールの置き方が完璧であったとしても，周りでちょっとした風が起きたり振動が伝わったりするかもしれない。そんなほんのちょっとした揺らぎ——これを擾乱（または撹乱）という——が加わった結果を考えると，B 点では多少の擾乱にはびくともせずに，やはりその場所に留まっていられるのに対して，C 点

は，ほんのちょっと擾乱が加わるだけで，ボールは転げ落ちて遠くに行ってしまう。

　同じ定常状態でも，B点のように谷の底で，多少の擾乱が加わっても元の位置から大きく離れないような状態を安定というのに対して，C点のように山の上で，ほんの少しの擾乱が加わっただけで元の位置から大きく離れてしまう状態を不安定という。

　同様のことを2次元的な地形の上で考えると，1次元の状況ではなかった問題がいくつか出てくる。定常になる状況として，1次元では，不安定である山の上と安定である谷の底が考えられた。図8-7（b）のような2次元の場合では，どの方向から見ても山の上（P_{CC}），どちらの方向から見ても谷の底（P_{BB}）になる場合があり，それぞれ不安定・安定であることはすぐに分かる。

　しかし，2次元になると，鞍点と呼ばれる，ある方向には山の上になるが別の方向から見ると谷の底になるような状況が存在する（P_{BC}）。こ

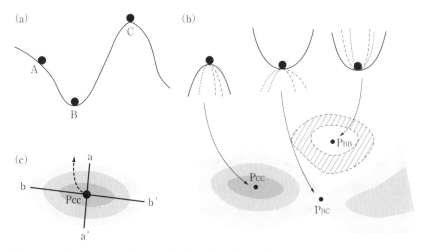

図8-7　ボールの転がり方から見た安定と不安定
(a)斜面の途中（A），谷の底（B），山の上（C）に置いたボール。
(b)山の上（P_{CC}），鞍点（P_{BC}），谷の底（P_{BB}）に置いたボール。
(c)山の上（P_{CC}）の周囲の傾斜の様子と，付近にボールを置いた時の転がり方。

の点にボールを置くと，少し攪乱を加えればボールが横に落ちていってしまうことは容易に想像できるであろう。つまり，方向によって安定と不安定が混在している場合は，（さらに高い次元に一般化して言えば，一つでも不安定がある時は）全体として不安定であると考えられるのである。

　山の上になるような状況（P_{CC}）は不安定であるが，この場合，どのように（どちら方向に）状態が変化してしまうのかということを考えてみよう。ここではどちらから見ても山の上になっているが，aa' 方向には険しい山であるのに対して，bb' 方向には緩やかな山になっている（図8-7（c））。

　ボールは，a（あるいは a'）方向に攪乱を加えればその方向に，b（あるいは b'）方向に攪乱を加えればそちらに転がるはずであるが，実際はb 方向に転がるようにするのは簡単ではない。というのは，a 方向と b 方向の間の方向に転がした場合，最初はその方向に転がっていっても，そのうち傾斜の急な a 方向に曲がっていくであろう。b 方向に攪乱を加えたつもりでも，実際には右か左かにわずかに方向がずれていて，最終的にボールが転がる方向はaか a' の方向になっていってしまう。つまり，不安定な方向が複数ある場合は，より傾斜が急な方向に（さらに高い次元に一般化して言えば，最も傾斜が急な方向に）状態は変化していきやすいと考えられるのである。

　自然現象の中で実際に考える不安定の問題では，一般に次元が非常に大きく，複雑なものとなるが，全体として不安定か（つまり，少しでも不安定な方向があるか）どうか，不安定だとすれば，その中で最も速く成長する攪乱はどのようなものか（つまり，どの方向の傾斜が最も急になるか）が大きな興味の対象となり，これは，固有値問題と呼ばれる数学の問題を解くことで調べることができる。

8.8 傾圧不安定による温帯低気圧・移動性高気圧の形成

　温帯低気圧の発生の話に戻ろう。温帯低気圧は水平温度傾度の大きなところでよく見られるのであった。このような状態は傾圧性が大きいともいう。

　大気は太陽の放射によって暖められ，その暖められ方の場所による違いの最も大きな要因は，緯度による入射角度の違いである。地面に垂直に近い角度で太陽放射が入る低緯度では多くの放射エネルギーを受け，大きな入射角で入ってくる高緯度では放射量が小さく，これによって南北温度傾度ができる。したがって，気温は第一近似としては緯度で決まると考えてよい。このような気温分布に対して，第5章で温度風として学んだことを適用すると，対応する風の流れは西から東に向く西風が円形に極を囲んで吹くような軸対称なものとなる。

　理想的な状態を考えると，このように軸対称な西風が吹いている定常な状態が考えられるのであるが，この軸対称な西風の吹いている状態というのが，（条件によっては）前節で述べたような不安定な状態なのである。この不安定は，水平温度傾度があるところ，つまり傾圧性があるところで生じ，傾圧不安定として知られている。軸対称な偏西風の吹いている状態は，この不安定によってそのままの定常状態を保つことができず，やがて波打った状態へと変化していく。これが，実際の大気での偏西風波動に対応するもので，波の一つひとつが上空の気圧の谷と尾根に相当し，地上付近ではそれに対応して温帯低気圧と移動性高気圧が形成される。

　傾圧不安定というのは，簡単化した状況設定のもとで，最初イーディーやチャーニーによって調べられ，理論的にもその性質がよく調べられてきている。その理論によると，南の方の温度が高くて緯度とともに温度

が下がるような水平気温勾配がある（したがって，上空にいくほど西風が強くなる）基本状態を考え，その気温勾配や地球の自転の効果などのパラメータを実際の地球と同様の値に設定すると，最も速く成長して顕著に現れてくる不安定な波状の擾乱というのは東西の周期が数千 km の規模を持ったものであることが示されるが，これは，実際の地球の中緯度の大気で交互に見られる温帯低気圧と移動性高気圧の一周期の長さをよく説明している。

　さらに，図8-8には特に単純な設定であるイーディーによる問題設定と，その理論から予想される発達擾乱の形の例を示している。非常に単純化した設定の理論であるにもかかわらず，実際の地球の大気の温帯低気圧に見られる重要な性質が示されている。

　まず，同じ高度の中で気圧が最小または最大になる場所を気圧の谷と気圧の尾根として示しているが，これらは高度が上がるとともに西の方

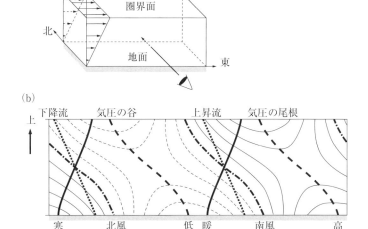

図8-8　イーディー問題の設定とその解
(a)傾圧不安定を考えるイーディー問題の設定。
(b)求められた解を南側（(a)に示された目線の方向）から見た図。

にずれていっている。この性質は，発達しつつある低気圧で気圧の谷の軸が西に傾いていることとよく一致している。また，気温が最小（最大）になる場所と下降流（上昇流）の場所とは非常に近い場所になっているが，これは，この擾乱の運動によって全体の重心が下がっていき，位置エネルギーが次第に減っていくことを意味しており，傾圧不安定による低気圧の発達のエネルギー源が有効位置エネルギーの解放であることをよく示している。

　さらに，気温が最小（最大）になる場所は北風（南風）の場所ともほぼ同じ場所となっているが，これは，温帯低気圧と移動性高気圧との連なりが，8.10節で述べるように，南北（緯度間）熱輸送に大きな役割を果たしていることと関連がある。

8.9　室内実験で再現する傾圧不安定

　このような温帯低気圧の発生メカニズムを示す傾圧不安定による偏西風波動は，回転台を用いた実験室内での実験で再現することができる。

　同心円の仕切りで内側・外側とその間の三つの領域に区切られた円筒容器を用意する。この円筒容器の外側部分に温水，内側部分に冷水を入れて，両者に挟まれた間の部分に入れた水の運動を見るのである。この容器全体を反時計回りに回転する回転台の上に載せる（図8-9）。水は，

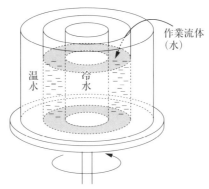

図8-9　傾圧不安定の室内実験の装置概略図

外側から暖められ，内側から冷やされることになるが，これは，実際の地球の大気が低緯度で暖められて高緯度で冷やされることを模している。また，実験装置全体を回転台に載せるのは地球の自転の効果を取り入れるためで，反時計回りに回転させることは北半球での大気の流れを再現することに対応する。

　このような実験状況を作るとどのような流れができるであろうか。回転台の回転数が小さいうちは，これまで学習したことから推測できるような流れが生じる。鉛直断面を見ると，第4章で学んだように，暖められた容器の外側で上昇流が，冷やされた内側で下降流ができ，断面をぐるっと一周するような循環ができる。しかし，この循環の流速はそれほど大きくなく，周回方向にはもっと顕著な流れが生じる。これは第5章で学んだように温度風のバランスが実現するもので，暖かい外側を右に見るような流れが高さとともに大きくなる。つまり，水の上層に行くほど反時計回りの強い流れが生じるが，反時計回りの流れは実際の地球でいえば西風に相当する。以上のような流れは第6章で学んだハドレー循環に相当する（図8-10）。

　実際にこのような実験を行ってみると，回転台の回転数が小さいうちはこの予測どおりの流れが実現する（図8-11（a）：口絵参照）。一方，

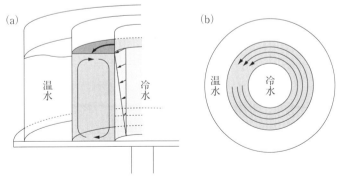

図8-10　予想される循環の様子
（a）鉛直面内の循環の様子と，周回方向の流れの鉛直分布。
（b）上から見た時の周回方向の流れの様子。

回転台の回転数を大きくすると，このような状態は不安定になり，波打って蛇行した状態になる（図8-11（b）：口絵参照）。ここで起こった不安定は傾圧不安定であり，西風の蛇行が実際の大気の偏西風波動に相当する。上空の気圧の尾根と谷，その下部には高気圧と低気圧の連なりにあたるものが形成されるのである。

8.10 地球上の南北熱輸送における傾圧不安定波の役割

　8.8節の傾圧不安定理論解の特徴の一つとして，気温が最小（最大）になる場所は北風（南風）の場所とほぼ一致していることを挙げたが，このような性質は実際の大気の中緯度帯でも顕著に見られる特徴である。北風の領域では同緯度の他の地域に比べて一般的に気温は低めになっている。このように南北風と気温との間に相関があることは熱輸送に大きな役割を果たすことになる。

　基本場として西風が吹いている中でこのような傾圧不安定波が発達すると，この西風は南北に蛇行しながら吹くことになる。この蛇行した西風が南北熱輸送という観点で果たす役割を考えてみる。

　蛇行して北向き成分を持っている（例えば南西風になっている）空気は，それ自身の持っている，気温に応じた熱エネルギーを，南の低緯度帯から北の高緯度帯へと運ぶ。一方，南向き成分を持っている（例えば北西風になっている）空気は，やはり気温に応じた熱エネルギーを北の高緯度帯から南の低緯度帯へと運ぶ。ところが，これらの温度は同じではない。北向き成分を持つ風の場所と気温が高い場所とが一致するという相関を持っているので，前者の方がより多くの熱エネルギーを運ぶことになるのである。全体として差し引きすると，低緯度帯から高緯度帯に熱エネルギーが輸送されることになる。

　一般に，低緯度帯は多くの太陽放射を受けて高温になり，高緯度の気

温はそれに比べて低くなっているが，傾圧不安定波によるこの熱輸送は
低緯度帯と高緯度帯の温度差を解消する方向に働き，地球の気温を穏や
かな範囲に留める効果を持っているのである。

研究課題

1) 南半球での摩擦風の関係を図示してみよう。また温帯低気圧の構造
について，何が北半球のものと反転し，何が同じままであるかを考察
してみよう。
2) 日本付近で低気圧が発達している時に地上天気図と高層天気図
（850 hPa，700 hPa，500 hPa，300 hPa）を入手して，気圧の谷の位
置が高さとともにどのように変化しているかを調べてみよう。その時
の種々の天気図は気象庁のウェブサイト（http://www.jma.go.jp/
jma/kishou/know/kurashi/tenkizu.html）で見ることができる。

参考文献

* 小倉義光（1999）『一般気象学』（第 2 版）東京大学出版会 .
* 小倉義光（2000）『総観気象学入門』東京大学出版会 .

9 | 台風と熱帯低気圧

田中　博

《学習のポイント》　熱帯では，海から蒸発する大量の水蒸気をエネルギー源にした熱帯低気圧が，渦を巻きながら発達する。台風は日本の南で発生・発達する熱帯低気圧の一つである。本章では，水蒸気が凝結する際に放出される潜熱加熱が，上昇気流を加速し，地球の自転の効果も加わって台風に発達する仕組みを理解し，目の構造や台風がもたらす大気海洋相互作用について学ぶ。
《キーワード》　熱帯低気圧，台風，ハリケーン，潜熱，雲バンド

9.1　台風の名前

　中緯度の温帯で発生する低気圧を温帯低気圧というように，低緯度の熱帯で発生する低気圧を熱帯低気圧と呼ぶ。温帯低気圧は亜熱帯と寒帯の気団の境界の温度傾度が大きい地域で発生する低気圧性の渦で，南北の温度差を解消することを目的として発生する。そのため，南下する寒気の前面で寒冷前線，北上する暖気の前面で温暖前線が形成される。それに対し，熱帯低気圧は熱帯気団の中で発生・発達する同心円状の構造を持った低気圧性の渦で，温度勾配のない同一の熱帯気団内の渦なので前線を持たない。
　発達した熱帯低気圧の名称は地域により異なり，日本付近の北西太平洋のものは台風，アメリカ付近のカリブ海や北西大西洋と北東太平洋のものをハリケーン，アラビア海からベンガル湾のものをサイクロンと呼

ぶ。正確には，北緯 0 度から 60 度，東経 180 度より西側の太平洋上で発生する熱帯低気圧を台風と定義する。名称は異なるものの，発達した熱帯低気圧として同一の現象であるため，本章では台風について説明を行うことにする。南半球でも発生するが，南半球の熱帯低気圧には地方名はなく，単に熱帯低気圧やトロピカルストームと呼ぶ。

同じ熱帯低気圧でも，ある程度の強度にならないと，台風とかハリケーンと呼ぶことはない。台風の場合，最大風速が $17.2\,\mathrm{ms}^{-1}$ 以上に成長したものが台風と定義されている。$17.2\,\mathrm{ms}^{-1}$ という値は 34 kt（ノット）という基準風速を単位変換したことによる。$32.7\,\mathrm{ms}^{-1}$（64 kt）以上が強い台風，$43.7\,\mathrm{ms}^{-1}$（85 kt）以上が非常に強い台風，$54.0\,\mathrm{ms}^{-1}$（105 kt）以上が猛烈な台風などと呼ばれる。世界気象機関（WMO）による国際的な分類では，最大風速 $32.7\,\mathrm{ms}^{-1}$（64 kt）以上に発達したものをTyphoon（T）やハリケーンと命名し，それ以下は熱帯低気圧やストームなどと呼ばれている。過去には，中心気圧から強さを分類したこともあるが，今日では風速から分類が行われている。

台風の大きさについては，風速 $15\,\mathrm{ms}^{-1}$ 以上の半径が 500 km 以下を小型または中型，それ以上を大型の台風と呼び，特に 800 km 以上になると超大型と呼ばれる。温帯低気圧の典型的なスケールが 5000 km であることから，台風は温帯低気圧の 1/10 のサイズの渦となる。

気象庁は台風を 4 桁の数字で識別しており，最初の 2 桁が発生した西暦の下 2 桁，残りの 2 桁はその年の発生した順番である。一方，台風の命名法については，1997 年に開催されたアジア各国が参加する台風委員会で，アジアに親しみ深い名前をつけることに決定し，2000 年からはアジア名が付加されるようになった。アジア各国から提案された名前を基にリストを作成し，そのリストの順に名前をつけるという方法である。気象庁は国内的には番号で台風を識別し，国際的にはアジア名を採

図9-1　2019年台風15号（左：NASA提供／右：気象庁提供）[1), 2)]
2019年の台風15号は強風をもたらした。右のレーダー画像は気象庁実況サイトから田中が保存。

用している。

　一方，米国では，ハリケーンの名前は，その年の発生順に，アルファベット順の人名（男女交互）がつけられる。図9-1は2019年に発生した台風15号の衛星画像とレーダー画像である。この台風は小型の風台風として関東を直撃し，進路の東に位置した房総半島一帯に甚大な被害をもたらした。そのため，令和元年房総半島台風と命名されている。

　図9-2（口絵参照）は2008年9月に発生した台風13号（シンラク）とハリケーン（アイク）が同時に発生した際の数値実験による画像である。台風13号の中心付近に直径50 kmほどの目があり，そこでは下降流となり雲が消滅している。数値実験では，目の中に微細な目がスパイラル状に動いて見える。目の周辺には絶壁状の高い雲の壁が取り囲み，その外側に暴風域が広がっている。目の中心は平穏なので，小型航空機が上空から目の中に降下し，雲の壁を観察することが可能である。

9.2　台風発達のメカニズム

　台風の原動力は暖かい海面から供給される豊富水蒸気である。一般

に，海面水温が 27 ℃を超えるところで，台風は発達する。また，台風の発達には地球の自転によるコリオリの力が必要である。熱帯低気圧の渦は，中心部に向かう気圧傾度力と外向きのコリオリ力および遠心力とがつりあった傾度風平衡にある。この渦の下層のエクマン境界層（高度約 1.5 km 以下の地表摩擦の影響が及ぶ大気層）では，リング状の回転成分の他に中心部に吹き込む動径成分が生まれる。すると，水蒸気をたっぷりと含んだ下層の空気が中心付近に吸い寄せられ，それが中心部の壁雲に沿って上昇気流となる際に，水蒸気が凝結して大量の潜熱を放出する。この潜熱が台風の中心部の暖気核を加熱することで浮力を生み出し，上昇気流をさらに強める。この上昇気流は渦管を引き延ばす効果で大気中層の渦を強化する。このようにして台風の渦が強まると，水蒸気をたっぷりと含んだ下層の空気が中心付近に吸い寄せられて，正のフィードバックが完結する（図 9 - 3）。

　このようにして，渦の強化，下層収束，上昇流，潜熱放出，浮力，渦の強化というフィードバックにより台風は発達する。このフィードバックメカニズムのことを第 2 種条件付き不安定といい，英語名の頭文字か

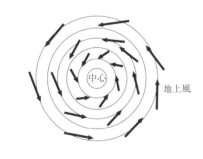

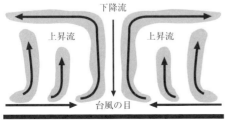

図 9 - 3
台風の気圧分布と地上風（上），
気流の鉛直断面（下）
台風下層で収束する
流れと上昇気流，
上層で発散する流れを示す。

らシスク（CISK：Conditional Instability of the Second Kind）メカニ
ズムという。台風内では個々の積乱雲が豊富な水蒸気の下で条件付き不
安定により発達するが（これを第1種と呼ぶ），孤立した積乱雲のそれ
ぞれが，広域の台風の渦巻きとエクマン境界層の収束（エクマン収束）
の影響下でスパイラル状に組織化され，この積乱雲の組織化の結果，台
風の渦巻き全体がさらに強化されることから，第2種条件付き不安定と
している。

　台風の中心の周りを反時計回りに同心円状に回転する渦状の循環を台
風の1次循環という。台風の目の周辺の半径数十キロの境界層内に
50 ms^{-1} を超える接線風の最大が形成され，1次循環の強風軸が形成さ
れる。強風軸の外側では徐々に風速が弱まるが，影響範囲は数百キロに
及ぶ。

　一方，動径風を見ると，エクマン境界層内部に台風の中心に向かう収
束流があり，半径100 km 以内で強い上昇気流を形成し，対流圏上層で
は上昇した気流が中心から周辺に向かう高気圧性回転の発散風となる。
台風の周辺部には緩やかな下降流がある。この動径方向の流速と鉛直流
が形成する鉛直循環のことを2次循環という。この2次循環により角運
動量の保存則に従って1次循環の回転速度が中心部で急激に増大する。

　台風の構造をまとめると，図9-4のように大気下層，中層，上層の
3層に区別することができる。第1層は地上から1kmまでで，風が周
囲から集まる境界層である。第2層は地上1kmから10kmまでで，同
心円状の風が吹く層である。第3層は地上10kmから16kmで，風が
外向きに吹き出す層である。

　目の周辺にはスパイラル状の雲の帯が幾重にもあり，積乱雲の列が回
転しながら中心部に取り込まれるように移動する（図9-5）。個々の積
乱雲の中では水蒸気の凝結により潜熱が盛んに放出され，ホットタワー

（個々の積乱雲の内部温度が高いことによる名称）を形成している。こ
のホットタワーとなった積乱雲は，台風の渦巻きの中で互いに結合を繰
り返し，スパイラル状の雲バンドへと変形される。バンド状の上昇気流
の周辺にはローカルなバンド状の下降流が形成される。これらの雲バン
ドは発達しながらリング状の最大風速域に吸収併合される。小さな渦巻

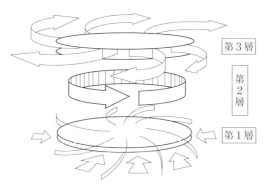

図9-4　台風の下層，中層，上層の3層構造の模式図（木村・新野，2010）[3]

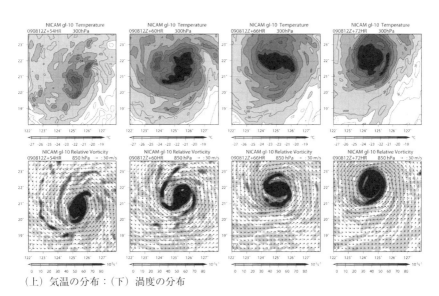

（上）気温の分布：（下）渦度の分布

図9-5　台風発達に伴う暖気核と雲バンドの時間変化

きが結合を繰り返し，やがて大きな台風の渦巻きを形成するという特徴が見られる。同心円状の強風軸周辺では遠心力が外向きに働くため，これ以上中心に向かうことができず，そこで上昇気流となる。上昇流域では水蒸気の凝結により潜熱を放出するために，対流圏中上層に暖気核が形成される。リング状の最大風速域の半径は，上空ほど大きくなる傾向にある。壁雲に沿って上昇した空気塊は対流圏上層で浮力を失い，発散風となって台風の中心から遠ざかるように水平方向に吹き出す。台風の中心の目の領域には下降流があり，断熱加熱により温度が上がり，穏やかな状況となっている。目の周辺の壁雲は一般には同心円状に広がるが，詳しく見ると楕円になったり，三角形や四角形に変形したりすることがある。

9.3 台風の発生と移動

　熱帯低気圧は，海面水温が27℃以上の熱帯海洋上で発生する。しかし，熱帯海洋上であればどこでも発生するというものではない。図9-6は，1979～88年の10年間に発生した熱帯低気圧の経路を重ねて示したものである。日本の南の西部太平洋で台風が発生し，北大西洋や北太平洋東部でハリケーンが発生，アラビア海やベンガル湾でサイクロンが発生している。南半球の西部太平洋やインド洋でも発生する。これらの熱帯低気圧は発生後には中緯度に向かうが，高緯度に達するものはない。一

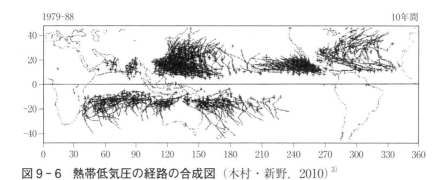

図9-6　熱帯低気圧の経路の合成図（木村・新野，2010）[3]

般に高緯度に達したものは，傾圧帯の中で寒冷前線や温暖前線を伴うようになり，温帯低気圧へと変質するため，熱帯低気圧の定義から外れてしまう。

　発生と移動の分布の特徴として，赤道周辺の南北緯度10度以内では発生しないという点が挙げられる。これは，台風発生に必要なコリオリ力が赤道付近でほぼゼロになるためである。上昇気流の領域で低気圧性の渦が強化されるためには，地球の自転の効果によるコリオリ力が必要である。コリオリ力がないことでCISKメカニズムのフィードバックのループが断ち切られてしまうことが原因である。海面水温が低い東部南太平洋で熱帯低気圧が発生しないという特徴も見られる。

　一方，ブラジル沖の南大西洋の海面水温は27℃を超えることがあるが，熱帯低気圧は発生していない。その理由は未だによく分かっていない。熱帯のITCZに沿って多くの積雲対流が発達し，偏東風波動によりそれらが組織化されることはあるが，それらの熱帯低気圧が台風に発達する確率は極めて低く，偶然的な要素が大きい。熱帯低気圧が台風に発達するためには，高い海面水温とコリオリ力の存在の他に偏東風の鉛直シア（鉛直方向の風速の変化率）が小さいことなどが挙げられるが，発生のメカニズムは今日でも不明な点が多い。

　図9-7は日本付近に到来する台風の経路図である。台風は対流圏中層の風または鉛直平均した風に乗って移動する。台風の移動を決める背景の流れを指向流という。台風の指向流を決めているのは，基本的には太平洋高気圧である。太平洋高気圧の形は季節とともに大きく変化するので，それに応じて台風の進路も季節によって変化する。台風自身には，回転する地球の球面効果（ベータ効果）により，低気圧性の渦が北向きに移動するという性質のあることが知られているが，実際の台風の移動は複雑で，ベータ効果が明瞭に現れることはない。

146

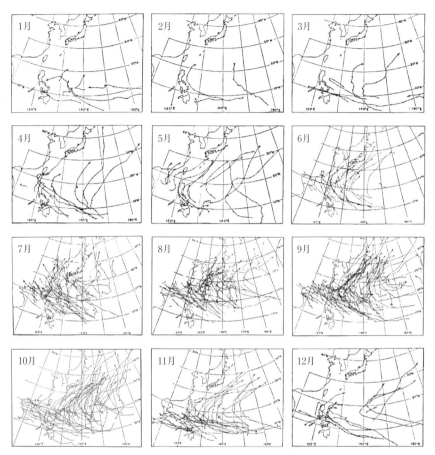

図9-7　台風経路の合成図の季節変化（1〜12月）（木村・新野，2010）[3]
1956〜1970年の15年間の経路を重ねて描いたもの。ただし，8月の経路だけは，1961〜1970年の10年間の経路。（山岬正紀『台風—最もはげしい大気じょう乱—』気象学のプロムナード10，東京堂出版，1982，図3.17〜3.20より）

　台風はひとたび発生すると，その多くは太平洋高気圧の時計回りの回転に乗ってそのまま西向きに移動してフィリピン諸島から南シナ海に抜けるように移動する。しかし，太平洋高気圧の季節変化により，6 月から 10 月にかけて一部の台風が日本に接近する。南海上で発生した台風は，はじめは西向きに移動し，やがて北上に転じ日本付近に接近，偏西風帯に達すると東向きに急速にスピードを上げて移動するようになる。西向きから東向きに進路が変わる点を転向点といい，たいていは沖縄付近で転向する。台風経路の予測は大変困難であり，偶然性に大きく左右されるため，予報が大きく外れることもある。

　日本に到来する台風は，秋雨前線を活発化させ，各地に集中豪雨をもたらすことがある。ただし，恵みの雨として渇水にならないために台風は必要である。台風が北上し，偏西風帯に突入する際には，秋雨前線と台風がつながり，秋雨前線を糸巻き車のように台風が巻き込んで日本の東海上に去っていくことがある。台風自身の強風域に加えて，台風の移動速度が大きくなると，台風の中心の東側で風速が強化され，被害が拡大する傾向がある。台風の通過後には，北からの乾燥した寒帯気団が日本を覆い，台風一過の快晴となることが多い。

　台風のエネルギー源は海面から供給される水蒸気であるが，日本列島に上陸すると，陸上ではそのエネルギー源が絶たれ，山岳などの強い地表摩擦の影響で急激に衰退する。しかし，台風の低気圧性の渦が傾圧帯に突入することで，南北の温度勾配が新たなエネルギー源となって，日本の東海上でふたたび温帯低気圧として発達することがある。これを台風の温帯低気圧化という。

　図 9-8 は，1951 ～ 2018 年における台風の発生数，日本への接近数・上陸数の経年変化である。台風は平均すると年間 25 個程度発生する。熱帯低気圧が冬季にも発生するのは，低緯度の海域だけである。台風の

発生は年によって大きく変動する。多い時には 40 個，少ない時には 15 個程度となる。長期的に発生数が変化するトレンドのようなものは判別できない。台風は非常に多くの積乱雲の群れの中から確率的に時折発生するものなので，その発生のメカニズムは未だに不明な点が多く，数日前から発生を予測することは極めて困難である。

　図 9-9 は台風の経路予測図の例である。図には，現在までの経路，内円で 25 m/s 以上の暴風域，外円で 15 m/s 以上の強風域の例が示されている。そして，今後予測される経路の確率予報が予報円で表示されている。この円の中に台風の中心が入る確率が 70% になる。また，暴風警戒域の今後の範囲が示してある。実際に台風が通過した経路の推定値は後日，ベストトラックデータとして収録される。

9.4　台風の仲間

　これまで熱帯低気圧としての台風の特徴について説明してきた。熱帯気団の中で水蒸気の凝結熱をエネルギー源として渦巻きが同心円状に発

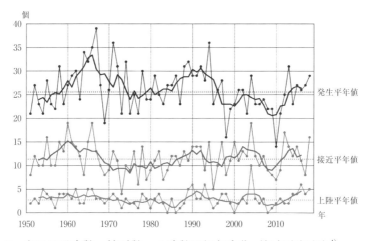

図 9-8　台風の発生数・接近数・上陸数の経年変化（気象庁提供）[4]
細線は各年値，太線は 5 年移動平均値，点線は平年値（1981 〜 2010 年の 30 年平均値）。

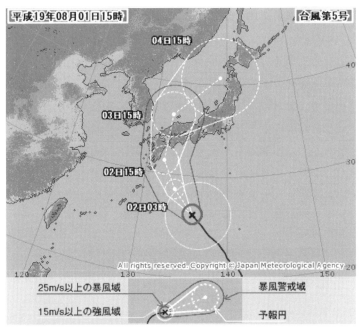

図9-9　台風の経路予測図の例（気象庁提供）

　達するため，台風には前線がなく，寒冷前線や温暖前線を持つ温帯低気圧と明瞭に区別される。ところが，冬季の高緯度の海洋上で，台風に似た小さな渦巻き状の低気圧が発生することがある。

　冬季，冬将軍とも呼ばれる第一級の寒気が，温帯低気圧の通過に伴ってシベリアから吹き出すと，強い寒気が暖かい海洋上に抜けたところで，大きな温度差により海面から大量の蒸発が起こる。それが境界層内で凝結することで，ミニ台風とも呼べるような同心円状の低気圧が形成されることがある。その名をポーラーローまたは極低気圧という（図9-10）。

　ポーラーローの多くはベーリング海や北海などの高緯度で発生する。

150

ポーラーローは寒帯気団の中で水蒸気の凝結の潜熱をエネルギー源として発達するため，台風と同じメカニズムで発達する。そして，台風のような目を持ち，多くの場合，前線を伴わない渦巻きとなる（図9-11）。台風は対流圏界面に達する大きな渦であるが，ポーラーローは境界層の高度で止まり，水平方向には50kmほどの小さな渦巻きとなる。小さく強い渦巻きが海洋上を迷走するため，時には漁船が深刻な被害を受けることがある。日本海でも，大型の温帯低気圧が通過したあとに，寒帯気団の中でポーラーローが発生することがある。弱いながらも前線を伴うこともあるため，潜熱加熱の他に，傾圧不安定も成因の一部と考えられている。

図9-10　日本海で冬季に発達したポーラーロー（気象庁提供）[5]

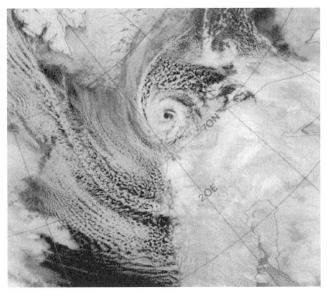

図 9 - 11　バレンツ海のポーラーロー（極低気圧）の渦巻き（Nordeng and Rasmussen, 1992）[6]

研究課題

1)　台風が日本のある地点の東を北上した時と，西を北上した時の風ベクトルの矢印を時系列として作図し，矢印が時計回りに回るか，反時計回りに回るかを判定せよ。
2)　発達した台風の中心に目が形成される理由を，コリオリ力，気圧傾度力，遠心力，摩擦力の分布を考えて考察しよう。

引用文献

1)　NASA : Typhoon Faxai on September 8, 2019. https://commons.wikimedia.

org/wiki/File:Faxai_2019-09-08_0145Z.jpg.

2)　気象庁：レーダー・ナウキャスト（降水・雷・竜巻）. http://www.jma.go.jp/jp/radnowc/.

3)　木村龍治・新野宏（2010）『身近な気象学』放送大学教育振興会, 231pp.

4)　気象庁：2018 年（平成 30 年）の台風について（確定）. http://www.jma.go.jp/jma/press/1901/31a/typhoon2018_kakutei.pdf. 図 1.

5)　ひまわり衛星プロジェクト（高知大学気象情報頁）：2012 年 1 月 31 日 12JST の日本付近可視画像. https://sc-web.nict.go.jp/starstouch/himawari/.

6)　Nordeng, T. E. and Rasmussen, E. A.（1992）: A most beautiful polar low. A case study of a polar low development in the Bear Island region. *Tellus A: Dynamic Meteorology and Oceanography*, 44, pp.81-99. https://doi.org/10.3402/tellusa.v44i2.14947.

10 | 積乱雲の起こす嵐

伊賀啓太

《**学習のポイント**》　大気の現象によって大きな被害がもたらされることはよくある。その代表的なものとして台風や発達した低気圧などが思い浮かぶが，それより小さなスケールの現象でも，激しい風によって被害が生じる竜巻やダウンバーストがよく知られている。これらは発達した積乱雲によって生じる現象であるが，積乱雲は激しい対流運動によって形成され，しばしば強い風雨をもたらす雲である。本章では，不安定な大気の中で積乱雲が発達していく過程と，積乱雲が引き起こすさまざまな形態の嵐について学習する。

《**キーワード**》　断熱減率，積乱雲，雷，突風，ダウンバースト，竜巻

10.1　流体の鉛直安定性

　天気予報を聞いていると，時おり「大気の状態が不安定になって」などというフレーズを耳にしないだろうか。不安定という概念については，すでに第8章で学んでいる。理想的にはその状態に留まっていられるが，実際にはわずかに状態の揺らぎ（擾乱）があると，そこからのずれがどんどん大きくなって，元とは大きく離れた別の状態が実現してしまうことをいうのであり，温帯低気圧と移動性高気圧を生み出す傾圧不安定というのがそのような例であった。

　傾圧不安定は大気の状態が不安定なのには違いないが，天気予報で「大気の状態が不安定になって」という場合の多くは大気の鉛直方向の不安定性であり，傾圧不安定とは別の種類の不安定である。

　同じ仕組みの不安定の状況を直感的に分かりやすい形で作るとすれば，容器に入れた水の下部を暖めて上の方にいくにつれて次第に温度が下がる（ただし，水平方向には温度が一様な）状態を考えればよい（図10‐1（a））。この状態は，水平方向には温度一様で密度も一様であるので，働く重力も一様な大きさで下向きになる。静水圧の関係を満たすように圧力分布が決まって圧力傾度力が上向きに働き，その大きさも重力を打ち消すようになるので，容器内の水のすべての場所で力のつりあいがとれ，水は静止したままでいる。このような状態を保つことが，理想的には可能である。

　しかし，こんな状態はそんなに簡単に作れないことを我々は経験上よく知っている。それはこの状態が実は不安定な状態にあることと関係している。実際，この状態が不安定であることは，次のような思考実験をしてみるとよい。

　この状態の中からごく一部の水の塊を取り出して，それをほんの少しだけ上方に持ち上げてみよう（図10‐1（b））。このような変化を考えることをパーセル法という。ただし，この水の塊を少し移動させる際に，周囲と熱のやり取りはせず，温度を保ったまま動かすものとする。

　水は上に行くほど温度が低い状態にしていたのであるから，移動先で周囲にある水はこの塊より低い温度を持っており，この持ち上げてきた水より密度が大きいことになる。周囲に自身より密度の大きな水がある

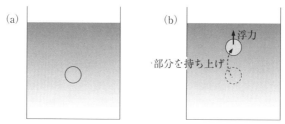

図10‐1　不安定に成層した水の層
(a)暖かく軽い水が下層に，冷たく重い水が上層にある状態。
(b)水の一部を少し持ち上げると，周囲より軽いため浮力が働き，さらに上の方に押し上げられる。

場所に来たので，この移動させてきた水は浮力を受けて，さらに上方に動かされるというフィードバックがかかる。そのため，最初の移動量がほんのわずかであっても，この水の塊はどんどん上の方に移動していくことになる。もし最初に下の方に移動させたと考えれば，同じような議論によってますます下の方に移動していくことが分かる。いずれにしても，この水の塊は元の場所に戻ってこようとはせず，ほんの小さな揺らぎ（擾乱）が大きな状態の変化をもたらすことになる。つまり，上ほど冷たく重い水が占める状態は不安定なのである。

10.2　未飽和大気の鉛直安定性

　大気について同様の議論をするとどうなるであろうか。実は，前節の水の話の結論を雑に大気に当てはめようとするとおかしなことになる。第2章で学んだように，大気の温度というのは，（少なくとも対流圏内では）地面付近で高く，上空に行くほど次第に低くなっていく。すると，上の水の話を当てはめると，大気は上に行くほど気温が低い不安定な状態になっているように思える。しかし，一方で，気圧の高い地面付近の濃い空気では密度が高いのに対して，上空に行くにつれて密度は小さくなっていくのであった。つまり，大気は上に行くほど密度の小さい安定な状態になっているようにも思える。

　このように一見矛盾する結論が出てくるのは，空気の場合，気圧によって密度が変わるという圧縮性を持っていることに起因する。パーセル法を考える場合も，圧縮性をきちんと考慮してやる必要がある。

　大気の場合にパーセル法を適用してみよう。大気の一部の塊を取り出して，それを周囲と熱のやり取りをしないように（断熱的に）少しだけ上方に移動してみる。大気の場合には水と違って大きな圧縮性を持つので，断熱膨張することによってその気温が下がる（図10-2（a））（水

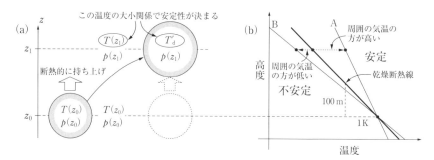

図 10 - 2　未飽和（乾燥）大気の鉛直安定性
(a)温度 $T(z_0)$，気圧 $p(z_0)$ の空気塊を断熱的に持ち上げて気圧 $p(z_1)$ にした
時に，その空気塊の温度 T'_d と周囲の空気の温度 $T(z_1)$ の大小で安定性を判
断する。
(b)乾燥断熱減率（空気塊を断熱的に持ち上げた時の気温の下がる割合）と
周囲の大気の安定・不安定の関係。

も小さいながら圧縮性があるので，正確には水の場合も少し水温が下
がっていた。しかし，その割合は空気の場合に比べて非常に小さい）。
大気は 100 m 上昇するごとにおよそ 1 K の割合で気温が下がっていく。
この単位高さあたりに低下する気温の割合を断熱減率という。今の場合
（未飽和空気を考える場合）のように，特に含まれている水の相変化を
考えない場合の断熱減率を乾燥断熱減率という。
　このように空気の塊を断熱的に上昇させた時には，それ自身の気温が
下がるので，たとえ周囲の大気の気温分布が，図 10 - 2（b）の A のよ
うに上方ほど低くなっていても，その低下の割合がこの乾燥断熱減率よ
り小さければ，上方にやってきた空気の塊の気温は周囲の大気より低く
なり，重力を受けてやがては元の下方に戻っていくことになる。つまり，
安定な状態にあることになる（図 10 - 2（b））。
　一方，周囲の大気の気温の低下の割合が，図 10 - 2（b）の B のよう

にこの乾燥断熱減率より大きくなっていれば，上昇した空気の塊の気温が低下したにもかかわらず，その場所での周囲の空気よりは暖かいので浮力を受けてさらに上昇を続ける不安定な状態となる。

　実際の大気の気温が高さとともにどんな割合で低くなっているかを気温減率といい，以上の結果は，気温減率が乾燥断熱減率より大きければ不安定で小さければ安定である，とまとめることができる。

10.3　飽和大気の鉛直安定性

　前節では，水蒸気の凝結の効果については特に何も考えなかった。しかし，雲を作って激しい現象を起こすような大気の鉛直方向の運動については水蒸気の凝結が大きな役割を果たす。水蒸気が凝結して雲を作る場合に同じようなことを考えてみよう。

　大気が飽和に達して相対湿度が100%になっている場合，空気の塊を上昇させて断熱膨張をすると，気温が低下することにより水蒸気の凝結が起こる。水蒸気が凝結して液体の水になる相変化では大量の潜熱（凝結熱）を放出するので，この熱は断熱冷却による気温の低下を緩和し，

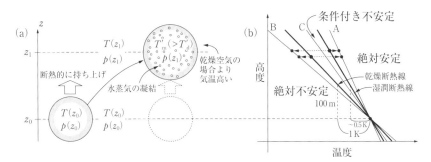

図 10-3　飽和（湿潤）大気の鉛直安定性
(a) 温度 $T(z_0)$，気圧 $p(z_0)$ の空気塊を断熱的に持ち上げて気圧 $p(z_1)$ にした時に，その空気塊の温度 T'_m と周囲の空気の温度 $T(z_1)$ の大小で安定性を判断する。水蒸気の凝結により乾燥大気より温度低下が小さく，T'_m は乾燥大気の場合の T'_d より高くなる。
(b) 乾燥断熱減率・湿潤断熱減率と周囲の大気の絶対安定・条件付き不安定・絶対不安定の関係。

水蒸気を考慮しない場合に比べて気温が下がる割合は小さくなる（図
10 - 3 (a)）。実際にどれくらいの割合で気温が下がるのかは気温や圧力
により異なるが，典型的な値としては，100 m 上昇するごとに 0.5 K 程
度の気温が下がる。飽和大気のように水蒸気の凝結を伴いながら断熱膨
張によって上昇する大気の気温が下がる割合を湿潤断熱減率という。

　水蒸気の凝結を伴うか伴わないかに従って二つの断熱減率が出てきた
ので，大気の状態は気温減率の大きさによって三通りに分類される（図
10 - 3 (b)）。図 10 - 3 (b) の A のように，気温減率が湿潤断熱減率よ
り小さい時は，飽和していて上昇する空気の温度が湿潤断熱減率に従っ
て低下する場合でも，未飽和で乾燥断熱減率に従って温度が下がる場合
でも，周囲の空気の温度と比べてさらに温度が低くなり，大気は安定で
ある。このような状態を絶対安定という。逆に B のように，乾燥断熱
減率より大きい時は，飽和・未飽和にかかわらず大気は不安定になる。
このような状態を絶対不安定というが，実際の大気では局所的にしかこ
のような状態になることはない。

　その間の C のように，気温減率が乾燥断熱減率より小さいが湿潤断
熱減率よりは大きいという場合は，大気が飽和しているか，未飽和かで
振る舞いが異なってくる。未飽和である限りこのような大気は安定であ
るが，飽和になって水蒸気の凝結を伴うようになると不安定になる。こ
のような状態を条件付き不安定という。

10.4　大気の鉛直気温分布とその振る舞い

　大気の鉛直安定性がどのようになっていて，それに伴ってどのように
振る舞うかを，大気の鉛直方向の気温分布に沿って示すことができる。
図 10 - 4 のような鉛直気温分布をしている大気で，地面付近の空気塊
（A）を持ち上げるとどのようになるのかを，このグラフから次のよう

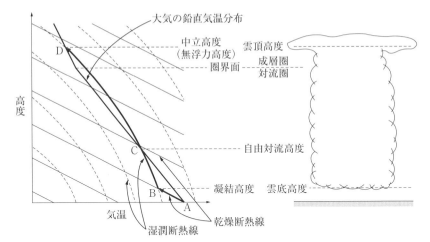

図 10 - 4　地面付近の空気塊を持ち上げた時にたどる状態変化と対応して形成される雲

に読みとることができるのである。

　この空気塊は飽和していない（この高度で，露点温度が気温と一致していない）とすると，最初は，乾燥断熱減率に従ってその気温を低下させていく（A → B）。やがて，ある高度で飽和に達するとしよう（B）。この高度は凝結高度と呼ばれるが，この高度を境にこれより上空では水蒸気の凝結が起こって雲が形成されるので，雲の一番下の高度，つまり雲底高度にほぼ相当する。

　この高度からさらに上に進もうとすると，空気塊は既に飽和しているので，ここから上空には湿潤断熱減率に従ってその気温を低下させていく。そのため空気塊は湿潤断熱線に沿って上昇することになる（B → D）。

　このような過程は「もしも空気塊が上昇したら」という仮定のもとで説明してきた。しかし，このようなことが実際に起こるのであろうか。図10 - 4では，空気塊の最初の上昇時には未飽和であるにもかかわらず，

周囲の大気は条件付き不安定になっている。したがって，未飽和の空気塊は安定で，多少上昇して気温が下がっても，周囲より重くなって下に戻ってきてしまう。このような上昇を続けるには，実際にはなんらかの強制力をもって行わなければならないのである。

ところが，この空気塊の上昇が続いて凝結高度に達した後（B），さらに空気塊が上昇して気温が周囲の大気の気温と一致する高度にまで達すると（C），それより上空では空気塊の気温は周囲より高くなって浮力が働くようになる。このような状態にまでなると，特に強制力がなくとも自発的に上昇運動を続ける（C → D）。そこで，この高度Cを自由対流高度と呼ぶ。

このような状態の大気では，最初はある程度の高さまで強制的に持ち上げなければいけないが，自由対流高度まで達すれば，後は自律的に運動が起こることになる。この空気塊は湿潤断熱線に沿ってさらに上昇を続けるが，再び周囲と気温が同じになる高度Dまでそのような上昇運動が続くことになる。Dはこの空気塊が浮力を再び失う高度で，中立高度とか無浮力高度と呼ばれ，ほぼ雲のてっぺんの高さである雲頂高度に相当する（ただし，空気塊の慣性（勢い）があることによりこの高度よりもう少し上まで雲はできる）。結果としてBからDの間の高度では雲が形成されることになる。

10.5 積乱雲の一生

前節のような過程で形成される雲の一つの例が積雲であるが，大気の状態によっては特に上空の方に発達することがある。自由対流高度Cより上にまで持ち上げられた空気塊は再び浮力を失う中立高度Dまで自律的に上昇することを前節で説明したが，夏に大気の状態が不安定といわれる時などは，空気塊の状態がたどる曲線が周囲の大気の状態を表

す曲線となかなか交わらず，圏界面を越えて気温減率の小さな成層圏にまで入ってようやく中立高度に達することもある。図10‐4はまさにそのような状態を表していた。

　この場合には下層の方からでき始めた雲の上端は圏界面にまで達することになり，鉛直方向にのびた背の高い雲ができて，その下の地上にしばしば激しい降水をもたらす。このように鉛直方向に対流によって発達した雲を積乱雲といい，夏の風物詩である入道雲としてなじみの雲はこれである。

　圏界面に達してようやく中立高度になる積乱雲では，圏界面より上の成層圏では成層が非常に強い（安定な大気である）ため，そこまで達した空気塊は水平方向に広がることになる。このようになると積乱雲の上部が傘状に広がり，その形状からかなとこ雲と呼ばれる（図10‐5）。

　積乱雲の典型的な時間変化の様子を見ていこう。積乱雲の一生は，大きく発達期（成長期）・最盛期（成熟期）・衰弱期（減衰期，消滅期）の三つの時期に分けることができる（図10‐6）。

　最初の発達期は積雲期ともいい，この時期の様子は前節で考察した過程にほぼ沿っていると考えていい。つまり，比較的成層の弱い条件付き不安定の大気の中で，何らかのきっかけで空気の一部が自由対流高度にまで達し，上方へ雲が成長していく。雲の中は上昇流となっており，たとえ降水粒子ができて周囲の空気に対して落下しても，その周囲の空気がそれ以上の速度を持つ上昇流となっていることにより降水粒子はむしろ上空に持ち上げられ，地上では降水として観測されない。そのうち雲頂が高くなってその気温が低くなってくると，雲の中で固体の氷としての雲粒の成長が進む。

　雲頂が圏界面に達する頃になると，大きな上昇流も成長した降水粒子を支え切れなくなり，降水粒子は落下を始める。その際，降水粒子は周

図 10-5　発達した積乱雲（和田・中村，2000)[1]
(a)発達途中の積雲。　(b)発達して上部にかなとこ雲を伴った積乱雲。

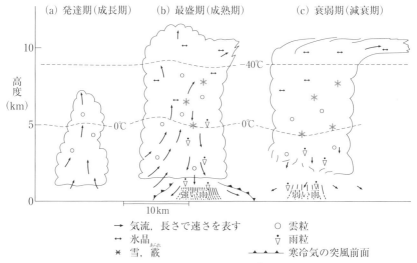

図 10-6　積乱雲の一生の模式図（浅井，1996)[2]
(a)発達期：強い上昇流。
(b)最盛期：激しい降水と下降冷気流の出現。
(c)衰弱期：上昇暖気流の消滅。降水は弱まり，雲は消散し始める。

囲の空気も引きずって下降流が形成されるようになる。この時期が最盛
期である。降水粒子は地面に達して地上でも激しい降水が観測されるが，
氷の降水粒子は下降する際に気温の上昇とともに融解して融解熱を吸収
し，さらには蒸発して水蒸気になる際に蒸発熱を吸収して周囲の空気を
冷やし，下降流をさらに強めることになる。

　やがて下降流を伴った降雨が雲全体に広がるようになると，上昇流域
がなくなって衰弱期に入る。このような積乱雲は上昇流域の水蒸気凝結
の際に放出される潜熱を駆動力としている対流系であるので，エネル
ギー源を失った積乱雲はやがて衰退していき一生を終える。

　このように単独の積乱雲は，自身で作った降水とそれに伴う下降流が
自分の駆動力である上昇流（による潜熱解放）というエネルギー源をつ
ぶしてしまう構造になっているので，その寿命も1時間程度に留まり，
水平方向の広がりも数km程度の大きさである。

10.6　降雹

　積乱雲に伴う降水として液体の雨以外に固体の氷の塊が降ってくるこ
とがある。氷の粒としての降水のうち，直径が5mm以下のものは霰と
いうが，直径が5mm以上のものを雹といい，数cmもの大きさになる
こともある。積乱雲からは大きな雹が降ってきて農作物などに被害を与
えることがある。

　このような大きな氷の降水粒子の形成は積乱雲の強い上昇流によるも
のである。第7章で見たように，降水粒子は大きく成長するとその大き
さとともに落下速度が大きくなるため，速やかに地上に落ちてきてしま
う。また，液体の雨粒は数mmより大きくなると，落下の際に周囲の
空気の抵抗によって変形して不安定となり分裂してしまい，通常はそれ
ほど大きく成長しない。しかし，積乱雲の強い上昇流の中では，大きく

成長した降水粒子も上空に持ち上げられる。また、上空の気温の低い領域に長く留まって固体の氷として成長することによって、分裂せずに大きな氷に成長する。これが積乱雲の最盛期以降の下降流によって地上にまで運ばれてくることにより、降雹として観測されるのである。

降ってくるのは氷の粒であるが、このような形で積乱雲の中で形成されるため、同じ氷（固体の水）を含む降水であっても、雪と異なり、冬よりも暖かい季節に多く観測される。ただし、積乱雲の発達は夏に最も盛んになるが、周囲の空気の気温が高過ぎると落下途中で融解して雨となってしまうので、真夏よりも5月頃の初夏の方が発生しやすい。

10.7 落雷

夏の夕立の時に雷雨の注意が呼びかけられることが多いことからも分かるように、積乱雲による降水にはしばしば雷を伴う。雷を起こす雲を雷雲という。

落雷は、雲と地面との間に生じる放電現象であるが、雷雲の中の電荷分布は大きく見て三極の分布をしている。最も上部の気温が−30℃を中心とした層に正の電荷、その下の−10℃付近の層に負の電荷が分布し、さらに下層の0℃付近に局所的に再び正の電荷を持った領域が存在する。

このような分布は雷雲の中の電荷分布の形成の仕組みと関係している。電荷分布は主に積乱雲内の（大きな）霰と（小さな）氷晶との間の衝突による摩擦で帯電して起こると考えられている。この際、帯電の極性が約−10℃を境に逆転する。−10℃より低い気温では、霰が負に、氷晶が正に帯電する。大きな霰の方が速く落下するために、−10℃より気温の低い（高い高度の）領域では、氷晶が多く残る上層に正の電荷、霰が多く落ちてくる−10℃付近の層に負の電荷がたまってくる。一方、

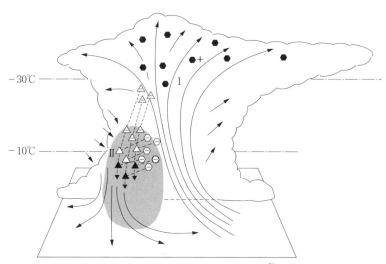

図 10-7　雷雲内部で生じる電荷分布（高橋，1987）[3]
六角形と三角形はそれぞれ氷晶と霰を表し，黒と白はそれぞれ正と負に帯電
していることを表す。

－10℃より高い気温では逆に霰が正，氷晶が負に帯電するので，－10
℃付近に負の電荷，それより下層に正の電荷が蓄積される。結果とし
て観測されるような三極分布が生じるのである（図10-7）。

　0℃付近に局所的な正の電荷はあるものの，大きな値を持つ－10℃層
の負の電荷に引き寄せられる形で，付近の地面には静電誘導により正の
電荷が集まってくる。この結果，雲と地面との間に生まれる大きな電位
差が空気の絶縁を破って放電が起こるのが落雷である。

10.8　ダウンバースト

　積乱雲の一生を追うと，その後半においては雲の下に下降流が生じる
ことを見た。このような積乱雲からの下降流は非常に激しく地面に吹き
付け，水平方向の四方に広がりながら吹き出す激しい突風を引き起こす

ことがあり，ダウンバーストと呼ばれている。

　ダウンバーストは積乱雲の下降流が形成される時期に，その中層または下層に乾燥空気の層が存在する時に起こりやすい。雨や，場合によっては雹や霰などの氷の降水粒子を伴った下降流がこのような乾燥大気の層に入ると，蒸発して水蒸気になる際に蒸発熱（さらには融解熱）を奪われて気温が下がり，ますます重い空気となって下降流が強化されるのである。そのためダウンバーストによる突風の際には，気圧の上昇や気温の低下も観測されることが多い。

　ダウンバーストのスケールは数百 m〜数 km と小さく，寿命も 10 分程度の短いものであるが，風速は $10\,\mathrm{ms}^{-1}$ から数十 ms^{-1} に達することもある。局地的に大きな風向変化と下降流を作るため，特に航空機事故につながる危険のある現象として知られている。空港に着陸しようとしている航空機がダウンバーストの発生している積乱雲の下に進入してきたとすると，その中心付近に至るまでは向かい風の中を進むが，その後は追い風を受けることになる。向かい風の中を飛んでいる間は強い揚力を受けているので，パイロットはそれに合わせて推力を落とすが，途中で追い風に変わってしまうことになり，しかもそのスケールの小ささのために風向きの変化が急激に起こるので，激しいハードランディングや最悪の場合には墜落事故へとつながってしまうのである。

　また，ダウンバーストは航空機だけでなく地上の建造物や農地にも被害を及ぼすが，ダウンバーストによって被害を受けた地域は円形に広がり，その風向きは被害地域の内から外に向く傾向にある。

10.9　竜巻

　竜巻は，大気の中で吹く風の中でも，最も強力な風を伴う現象といっていいだろう。特徴的な漏斗状の雲を伴った激しい大気の渦巻で，その

スケールはせいぜい数十～数百 m 程度と小さなものであるが，風速は 100 ms⁻¹ に及ぶことも珍しくない。地面に接する領域は小さいが，数 km にわたって移動することが多いため，その被害は線状に広がる。また，竜巻のどちら側にあるかで風向が反対になるので，構造物などの被害の受けた向きは線状の被害地域の両側で逆になる。

　一般に地形の変化の激しくない地域で多く起きるため，アメリカ中西部などで毎年多くの強い竜巻が起きて，大きな被害がもたらされているが，日本でも多くの竜巻が発生している（図 10 - 8）。

　日本の場合，台風と関連して起きる竜巻も多い。ただし，これは台風の風速の強い中心付近で起きるということではなく，むしろ台風中心からは少し距離のある周辺地域，特に，進行方向に対して右前方で多く生じることが知られている。

　竜巻の強い渦は，一般的に渦はストレッチング（引き延ばし）によっ

図 10 - 8　日本の竜巻の発生分布（気象庁ウェブサイト）[4]
1961 年から 2015 年までに発生した竜巻の分布図を表す。

168

て強化されるという流体力学的な性質によって作られている。背景場として大きな大気の回転があり，さらに強い上昇流があって，この大きな渦をちょうど引き延ばすようになっていることによって生じるのである。

　竜巻の渦を強化するそのような仕組みが働く状況の一つとして，スーパーセル型の積乱雲からしばしば竜巻が発生することが知られている。スーパーセルというのは，鉛直シアのある環境場で回転を伴いながら発達した単一のセル（細胞状構造）を持った積乱雲で，先に説明したような単純な積乱雲と異なり，上昇域と下降域が別の場所になっているという特徴を持つ（図10-9）。つまり，水蒸気が凝結して潜熱を放出する上昇域と激しい降水が起こる下降域が分かれているため，数十分で一生を終える単純な積乱雲と異なり，比較的長い時間にわたってその構造が保たれる。

研究課題

1)　飽和水蒸気圧の具体的な値や蒸発熱などの水の物性の数値を調べて，湿潤断熱減率のおよその値を見積もってみよう。湿潤断熱減率は，実際には気温や圧力により異なるが，どのような場合に小さくなるかを考察してみよう。

2)　気象庁のウェブサイトの情報（http://www.data.jma.go.jp/obd/stats/data/bosai/tornado/index.html）を参考に，記憶に残っていたり，興味を持ったりした竜巻やダウンバーストなどの突風災害の事例を調べ，状況の詳細や背景をまとめてみよう。

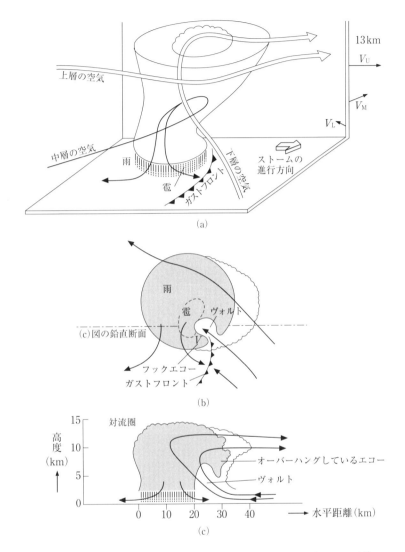

図 10 - 9　スーパーセル型のストームの構造の模式図（小倉，1999）[5]
(a)ストームに相対的な空気の流れ。対流圏下層，中層，上層の一般風を V_L，
V_M，V_U で示している。
(b)上から見たストームの構造と　(c)鉛直断面。高温高湿の空気がストーム
に流入し，非常に強い上昇流となる。この領域はヴォルトと呼ばれるレーダー
エコー強度の弱い領域として観測される。一方，上層から落下してきた雨粒
の蒸発による冷却で下降気流が強化され，流入してくる暖かい空気との間に
ガストフロントを作る。

引用文献

1) 和田光明・中村則之（2000）: 成熟期の積乱雲．『天気』日本気象学会，47，pp.3-4.
2) 浅井冨雄（1996）『ローカル気象学』東京大学出版会．
3) 高橋劭（1987）『雲の物理―雲粒形成から雲運動まで―』東京堂出版．
4) 気象庁: 突風分布図．http://www.data.jma.go.jp/obd/stats/data/bosai/tornado/stats/bunpu/bunpuzu.
5) 小倉義光（1999）『一般気象学』（第2版）東京大学出版会．

参考文献

• 小倉義光（1997）『メソ気象の基礎理論』東京大学出版会．

11 | 日本の四季の気象

伊賀啓太

《学習のポイント》 日本は中緯度帯に位置して，大部分が温帯といわれる気候区分の地域に属する。そのため，日本には四季の変化があり，冬の季節風と雪，夏の蒸し暑い天気と夕立，春や秋に見られる周期的な晴れと雨の繰り返し，梅雨と秋雨のように，季節それぞれの特徴的な気象がある。本章では，このような季節ごとの日本の特徴的な気象をただ記述的に見るだけでなく，その後ろに隠れている仕組みを理解しながら，日本の一年の気象の移り変わりを学習する。

《キーワード》 梅雨，集中豪雨，太平洋高気圧，秋雨，季節風，降雪

11.1 日本の位置と影響を与える大気の特徴

日本は中緯度に位置する。この付近の緯度帯は傾圧帯，つまり南北温度勾配が大きい場所であり，低緯度起源の暖かい空気と高緯度起源の冷たい空気の両方の影響が及びやすい地域である。また，日本はユーラシア大陸と太平洋という地球上で最大の大陸と海洋の境界付近にある。そのため，大陸起源の乾燥した空気と海洋起源の湿った空気の両方の影響を受けることになる。

このように日本は周囲のさまざまな起源を持った大気の影響を受けるが，そのうちのどの方面の大気の影響を強く受けるかは，一年の中の時期によって異なってくる。その結果，季節によってそれぞれさまざまな起源を持つ性質の異なった大気の影響を受け，季節ごとに特徴的な気象

状況が見られることになる。以下に，それぞれの季節での特徴的な気象を順を追って見ていこう。

11.2 春の周期的な天気

日本の春の天気に最も影響を与える大気の場は温帯低気圧と移動性高気圧である。第8章で学んだとおり，温帯低気圧は，低気圧そのものに加えてそれに伴う前線が上昇流を作るようになっており，基本的には雨や風などの悪天をもたらす。一方，移動性高気圧は全体的に緩やかな下降流と断熱的昇温を伴うことが多く，一般的に風が弱く，湿度が低い（したがって，よく「爽やかな」と形容されるような）晴天がもたらされる。

温帯低気圧と移動性高気圧による雨と晴天が数日周期で繰り返すような天気が続くことがある。これは，東西に連なった温帯低気圧と移動性高気圧が西から東に進むため，ある一地点に注目すると低気圧と高気圧が交互にやってくることによる。温帯低気圧と移動性高気圧が東西に連なることも第8章で学んだが，これは南北に温度傾度のある緯度帯で生じる傾圧不安定による偏西風波動によって生じたものであった。春にはそのような低気圧と高気圧の連なりがちょうど日本付近の緯度帯にやってくるのである。

低気圧から隣の低気圧までの距離は約数千 km であるが，温帯低気圧と移動性高気圧は典型的には $10\,\mathrm{ms}^{-1}$ 程度の速さで西から東に進んでいくので，ある一地点に留まっていると，数日の周期で悪天と好天を繰り返すことになるのである。また，ほぼ同じくらいの緯度にある九州から関東の各地方での天気の移り変わりは，雨の降り始めから天気の回復までのそれぞれの段階が，九州から始まって，中国・四国，近畿，東海，関東へと西から東に進んでいくことになる。図 11 - 1 に示している2013 年 4 月 1 日から 8 日の天気図では，8 日間に二つの温帯低気圧が日

図 11 - 1　日本付近を通過していく温帯低気圧
（2013 年 4 月 1 日から 8 日。気象庁提供）

本付近を通過している様子が見られる。この時の低気圧のように，温帯
低気圧は時として急発達して，春の嵐と表現されるような荒天を各地に
もたらす。

11.3　梅雨

　四季という言葉からいえば春の次には夏がやってくることになるが，
日本では，春からすぐに夏に移り変わるというより，その間に雨の多い
ことで特徴づけられる 1 か月ほどの時期を経てから夏に移行する。この
雨の多い時期を梅雨（つゆ，ばいう）と呼ぶ。梅雨は，日本だけでなく
中国中南部などの東アジア地域に広く見られる現象で，その性質に相違
点はあるものの，中国でも同じ漢字を用いて「メイユ」と呼ばれている。
　梅雨の時期の天気図上では，オホーツク海高気圧と呼ばれる北の方の
高気圧と南の方の太平洋高気圧との間にある東西にのびた前線が日本付
近に停滞することが多い。この前線は，前線に対して垂直な南北方向の

移動が小さく停滞前線として解析されるが，梅雨の天気を特徴づけるこのような前線を梅雨前線という（図11-2）。

　梅雨の時期の上空の大気によく見られる特徴としては，中緯度付近の上空で強く吹くジェット気流が，日本より西（ジェット気流の上流側）にあるヒマラヤ・チベットから南北二本に分流することが挙げられる。日本付近の経度で見ると，南側のジェットは日本付近の上空を吹いているが，北側のジェットはオホーツク海の北方に吹くことが多い。オホーツク海高気圧はこの蛇行に伴うブロッキング高気圧として現れる。

　東アジア地域で東西に長くのびる梅雨前線も，東の方と西の方で性質が一様というわけではない。梅雨前線の中でも，東の方は前線の南北で気温の差が比較的見られるが，西の方では前線に伴った気温傾度はそれほど大きくない。むしろ，南側にある湿った大気と北側の比較的乾いた大気との間の湿度や水蒸気量の傾度が大きくなる場所として特徴づけられる。

　梅雨期には梅雨前線の南側に沿って多くの降水がもたらされるが，特

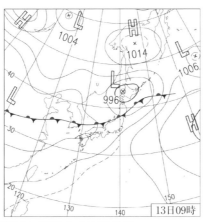

図11-2　西日本で活発に活動する梅雨前線
この前日に熊本県阿蘇乙姫で1時間に108 mm，この日には鹿児島県霧島市溝辺で1時間に101 mmの豪雨を観測するなど，九州を中心に記録的な大雨となった。（2012年7月13日。気象庁提供）

に太平洋高気圧の周囲を回り込むような形で大気の下層に高温で多湿な
空気が供給されると，対流の活動の結果として，前線に沿った細長い領
域で下層の水蒸気が上空に持ち上げられる。この状態を高度 3 km 付近
の天気図で見ると，高温多湿な領域が南西からのびる舌のような形状を
していることが多く，湿舌と呼ばれる（図 11 - 3）。このような時には
大雨や集中豪雨が起こりやすく，特に梅雨の末期に頻繁に見られる。梅
雨期の大雨は東日本より西日本において特に顕著で，多量の雨がもたら
され，西日本の各地の月間降水量の最大は梅雨期にあたる 6 月または 7
月になるところが多い（図 11 - 4 (a)）。

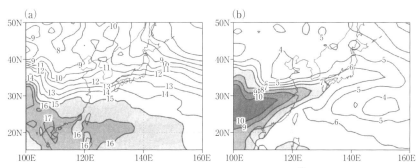

図 11 - 3　梅雨期に見られる湿舌（長谷・新野，2005）[1]
1999 年 6 月 23 日から 7 月 3 日の期間で平均した比湿。
(a) 925 hPa（下層）。(b) 700 hPa（高度約 3 km）。

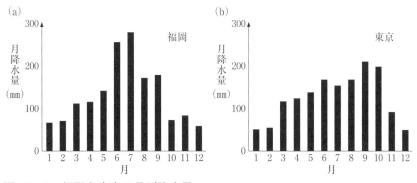

図 11 - 4　福岡と東京の月別降水量
(a) 福岡。7 月の降水量が最大になる。　(b) 東京。9 月の降水量が最大になる。

11.4　夏の高温多湿な天気

　1か月ほど日本付近の緯度に停滞した梅雨前線は，通常は7月の半ば
から下旬に比較的短い時間で北にシフトし，日本付近は暖かい太平洋高
気圧に覆われるようになる。これが梅雨明けで，日本では季節が夏とな
る。

　太平洋高気圧は高温で多湿な空気を運んできて，日本には蒸し暑い天
気がもたらされる。特に，太平洋高気圧の西端の方の日本の南西方向で
高気圧の等圧線が少し北に出っぱったような気圧配置になることがあ
り，その形状から鯨の尾型と呼ばれることもあるが（図11-5），これ
は猛暑をもたらす典型的な気圧配置として知られている。

　地上付近で高温多湿な空気が入ってきている時，上空の空気も（その
高度としては）暖かい状態であれば，このような蒸し暑い天気が安定し
た晴天とともに続くことになるが，上空に冷たい空気が入ってくると不
安定な天気になる。第10章で学習したように，地上付近の空気を持ち

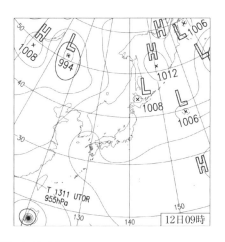

図11-5　鯨の尾型の天気図
鯨本体の太平洋高気圧からのびた尾が九州の方に飛び出ている様子が分か
る。この日，高知県四万十市江川崎で最高気温41.0℃を記録した。（2013年
8月12日。気象庁提供）

上げた時に，上空の周囲の空気の気温が低いほど持ち上げられた空気が大きな浮力を受けることになり，ちょっとしたきっかけで下層の空気が持ち上げられるだけで自律的な上昇流が発達する不安定な大気の状態になるのである。大気がこのようになった時，積乱雲が活発に発達して急に激しい雨が降ってくるという夕立が，特に午後の時間帯に多く見られる。日中は太陽放射により地面が暖められるので，地上付近の気温が高くなる午後になるとこのような不安定による対流が発達しやすいのである。

11.5　秋雨と台風

　太平洋高気圧の勢力が弱まってくると，日本付近は再び北方の冷たい大気の影響も受けるようになり，ちょうど梅雨期と同じように前線が停滞するようになる。この前線を秋雨前線といい，秋雨とか秋霖と呼ばれる降雨がもたらされる。

　秋雨前線は梅雨前線に比べて弱く，秋雨前線そのものによる大雨はそれほど多くない。しかし，秋雨前線が活動する季節は，台風が日本付近に接近したり，上陸したりする時期でもある。第9章で学んだように，台風そのものによっても激しい風雨がもたらされるが，秋雨前線と台風の組み合わせによって，台風から間接的に大雨がもたらされることも多い。日本付近に秋雨前線が停滞している状況で，南方の海上で台風が発達すると，台風そのものは日本から離れた場所にあっても，そこから秋雨前線に水蒸気が供給されて，前線の活動が活発になるのである（図11-6）。結果として，秋雨前線と台風とによって秋にも梅雨期に匹敵する多くの降水がもたらされ，特に東日本では9月の月間降水量が6月や7月のそれを上回るところも多い（図11-4（b））。

　10月になり，季節がさらに進行すると，春と同様に温帯低気圧と移

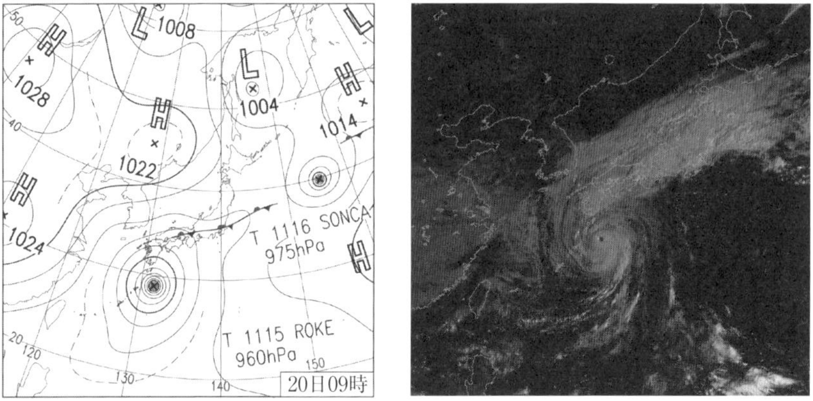

図 11－6　台風により活発になる秋雨前線（2011 年 9 月 20 日。気象庁提供）

動性高気圧が交互に通過することによってもたらされる周期的な天気の変化が見られるようになる。

11.6　冬の季節風と降雪

冬にはアジア大陸に強い寒気を持ったシベリア高気圧が発達し，日本はその影響を大きく受けることになる。冬の典型的な天気図といえば，西の大陸側で気圧が高くて東の太平洋上で低気圧が発達し，日本付近では南北に等圧線が何本も並んだ，いわゆる西高東低の冬型の気圧配置と呼ばれるものである。このような気圧配置になると，それに従って強い風が吹く。気圧傾度が西から東に向いているので，対応する摩擦風に従って北西から南東方向を向いた，冬の北西季節風が吹くことになる。

この季節風は，日本において，特に日本海側地方に大雪をもたらすのであるが，以下でその仕組みを簡単に見てみよう（図 11－7）。季節風吹き出しのもとになるシベリアの寒気は大陸で形成される寒気であるため，気温は低いものの乾燥していてあまり多くの水蒸気を含んでいない。

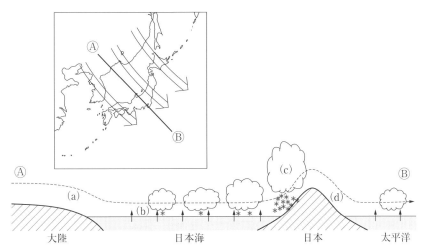

図11-7　冬の季節風吹き出しに伴う日本海側地方の降雪の模式図
地図上のA-Bに沿った断面上の様子を示す。
(a)大陸起源の寒気は寒冷で乾燥している。
(b)日本海の上を通過するにつれて，日本海から熱と水蒸気の供給を受ける。
(c)日本列島の脊梁山脈にぶつかって上昇流を生じ，日本海側地方に降雪がある。
(d)山脈を越えて太平洋側には乾燥した空気が吹き下ろし，晴天となる。

　しかし，この寒気は季節風にのって日本海上に出てくると，熱と水蒸気の供給を下の暖かい日本海から受ける。下部から熱せられた空気は鉛直方向に不安定となり，対流運動をするが，風速の遅い大気の下層と南東に向かう速度を持つ上空との間に鉛直シアがある環境下で対流運動が起きるため，その対流セルは鉛直シアの方向に沿った筋状の形をとる（図11-8）。この形は上昇域が雲で可視化されるため，気象衛星から見た雲画像にも見られ，冬場の天気予報で筋状の雲として言及されることも多い（図11-9）。

　日本海を渡る間に熱と水蒸気の供給を受けて大量の水蒸気を含むよう

180

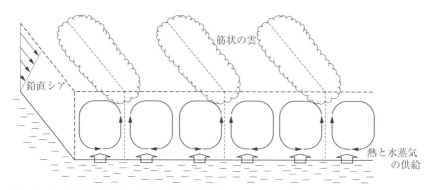

図 11−8　季節風に伴って生じる筋状雲
鉛直シアがある流れのもとで下部から熱せられた鉛直対流が起こると，対流の軸が鉛直シアの方向に沿って雲は筋状に並ぶ。

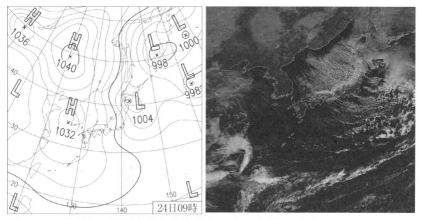

図 11−9　冬型気圧配置と寒気吹き出しによる筋状雲・雪雲
北日本を中心に風雪が続き，この2日後には青森市酸ケ湯で最深積雪 566 cm を記録した。（2013 年 2 月 24 日。気象庁提供）

になった寒気は，日本列島に到達して脊梁山脈にぶつかると，強制的に
上昇させられる。第7章で学んだように，上昇流は雲を発生させて，日
本海側地方に大量の雪をもたらすのである。水蒸気を降水として落とし
て乾燥した空気は山を越えて太平洋側に吹き降り，太平洋側地方には乾
いた天候をもたらす。このようにして，冬の季節風は日本列島の中央を
貫く山脈を挟んで日本海側と太平洋側に全く異なる天候をもたらすこと
になる。

　冬に降雪がもたらされるのは日本海側地方が中心である。しかし，太
平洋側にも時おり降雪が起きたり，積雪が観測されたりすることがある。
そのようなケースの一つは，寒気が非常に強くなって，太平洋側地方に
も雪雲の影響が及んでくる場合で，脊梁山脈が低いなど季節風が通りや
すい地域でよく起きる。若狭湾から伊勢湾方向に雪雲が流れてくる名古
屋を中心とした東海地方は，そのような形で積雪が起こることも多い。

11.7　晩冬から早春へ

　東京などの南関東地方では高い山脈にブロックされているため，いく
ら強い寒気が入っても冬型の気圧配置のもとで雪になることは少なく，
これとは別のパターンで雪がもたらされる。冬も後半に入ってくると，
冬型の気圧配置が緩むことが多くなり，しばしば，日本の南海上を低気
圧が通過するようになる。このような低気圧を南岸低気圧と呼び，日本
から適当に離れてこの低気圧が通過すると，南関東地方では低気圧に向
かって冷たい風が入ることにより，雪が降ることがある（図11-10）。
東京の雪は厳冬期にも見られるが，2月頃からの晩冬期にもしばしば見
られ，時には，一般的には春と認識される3月に積雪が観測されること
もある。

　さらに季節が進行すると，低気圧の通り道が北にずれて日本海を通過

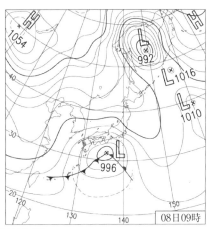

図 11 - 10　南岸低気圧
千葉市で 32 cm，東京都心で 27 cm の積雪を記録するなど，ふだん雪の
少ない関東地方を中心に大雪となった。(2014 年 2 月 8 日。気象庁提供)

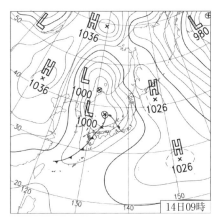

図 11 - 11　日本海を通過して，各地に春一番を吹かせた低気圧
(2007 年 2 月 14 日。気象庁提供)

するようになる。すると，日本では低気圧に向かって強い南風が吹くことになる。春一番と呼ばれる強風はこのような形で吹くものである（図11-11）。その語感からのどかな現象のイメージを持っている人も少なくないようだが，実際には突風を伴った激しい現象で，時として大きな災害をもたらすものである。

研究課題

1) ある年の一年間の過去の天気図を見て，日本付近の一年の天気の移り変わりを，起こった特徴的な現象とともにまとめてみよう。過去の天気図は気象庁のウェブサイト（http://www.data.jma.go.jp/fcd/yoho/hibiten/index.html）で見ることができる。

引用文献

1) 長谷江里子・新野宏（2005）：1999年梅雨期の大規模場の特徴 . 『気象研究ノート　第208号「メソ対流系」』日本気象学会 , pp.37-51.

参考文献

- 小倉義光（1994）『お天気の科学―気象災害から身を守るために―』森北出版 .
- 浅井冨雄（1996）『ローカル気象学』東京大学出版会 .
- 小倉義光（1999）『一般気象学』（第2版）東京大学出版会 .

12 | ヒートアイランド

伊賀啓太

《学習のポイント》 天気などの大気の現象は，本来は自然現象であるが，人間の活動は大気の運動にもいろいろな面で影響を及ぼしている。特に都市は人間の活動が非常に活発な地域で，その影響が顕著に現れ，都市気候と呼ばれる独特の大気環境を形作る。中でも都市地域の気温が周辺地域より顕著に高くなるヒートアイランドはよく知られた現象であろう。本章では，人間活動が都市の気温に与える影響の実際やその仕組みについて学んでいく。
《キーワード》 都市気候，大気境界層，ヒートアイランド

12.1 都市気候

　都市には人間が集中して住んでいる。また，一般的にさまざまな産業が集積していて，人工的な活動による影響が非常に強く出てくる場所である。

　都市の地表面は，土壌が露出していたり，植物に覆われていたりするところが少なく，コンクリートの建造物とアスファルト舗装された道路で広く覆われており，その形状も凹凸の多いものとなっている。都市では多くのエネルギーが放出されていることも，その周囲の気候に影響を与える。工場などの大きな生産活動拠点は巨大なエネルギーを集中的に使っており，発達した鉄道や道路網などの輸送機関によるエネルギー使用も多い。都市はまた，エネルギーだけでなくさまざまな物質も放出している。特に，雲の凝結核となるような微粒子の放出は，水蒸気の凝結

や降水などの現象に影響を与える。

　このような影響を通じて，さまざまな点で自然の状態とは異なった都市気候が形成される。代表的な影響としては，気温の上昇に加えて，降水量の増加，雲や霧の増加，湿度の低下，平均的な風速の減少，局所的には逆に強風が吹く場所が形成されること，視程の減少などがある。

12.2　大気境界層

　都市の気候について考える際には，大気の中でも地面の近くに存在している大気の振る舞いを調べることになる。大気のうちの上空にある大部分は地面や海面の影響をあまり受けないのに対して，地表面付近にある大気はその摩擦や熱的な影響を強く受けて，大気境界層と呼ばれている。都市の気候に関する話に進む前に，大気境界層について触れておきたい。

　大気境界層の上にある，地表面の影響の小さな大気を自由大気というが，大気境界層と自由大気は明確に境界があるわけではない。実際には次第に遷移していくのであるが，その移り変わる高さはおよそ1～2 km くらいになる（図12-1）。大気境界層の中でも地面から数十m

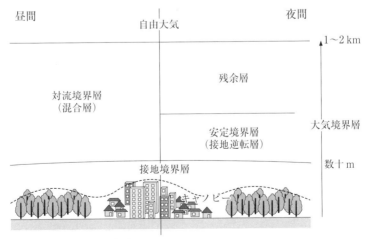

図12-1　大気境界層の模式図

程度までの高度は，地表面の影響を直接的に受けた結果として，温度や風速などの物理量が鉛直方向に急激に変化する層で，接地境界層と呼んでいる。さらに下層の，森林では高い木より低い高度，都市域では高い建物より低い高度になると，同じ水平面に空気と地上の物体の両方が存在する高度となる。この層をキャノピーと呼ぶ。気象学では，都市の建物による都市キャノピーの他，植生による森林キャノピーについても研究がなされている。

キャノピーは建築物や植生などと大気との境界が入り組んでいる領域であるから，この領域では風速などの物理量分布の様子は非常に複雑になる。一般的には複雑な形の建築物によって風は弱められるが，局所的にはビル風として特定の領域で風が非常に強められることもある。熱に関しても，都市キャノピーではビルの壁面を通しての熱の放射・吸収があることにより，この領域の大気に影響を与える。キャノピーは，この層内での大気の振る舞いが非常に複雑で，状態の正確な記述をすることは難しいので，上空の大気の運動を扱う際には，その状態を詳しく記述することはせず，凹凸具合を表す粗度と呼ばれる一つのパラメータで代表させて取り扱われることが多い。

それより上の接地境界層では，キャノピーほどの複雑な大気の運動はなくなるが，それでも時間・空間変動の激しい乱流運動をしている。そのため，この層内での平均的な速度や温度に注目することになるが，その分布は大きな鉛直傾度を持つ（高度とともに急激に変わる）。しかし，風速や気温そのものの急激な変化にもかかわらず，これらの鉛直方向の流束（フラックスあるいは輸送量）はほぼ一定であることで特徴づけられる。この層内の大気の振る舞いについてのさまざまな性質が，運動量（風速）や熱，水蒸気などの流束が一定である性質から導かれる。

境界層のそれより上の領域は，性質や厚さが成層の状態によって大き

く変わるが，地表面の温度変化を受けてその厚さも日変化する。日中は，下の暖かくなった地面から熱せられて対流活動による大気の混合が盛んになる対流境界層あるいは混合層と呼ばれる層が形成される。この層内では，対流運動による混合効果により，水蒸気をはじめとする物質の混合比などの物理量や風速がほぼ均一化される。ただし，大気の鉛直運動に伴って温度が変化する効果（第10章）により，温度は一様になるのではなく，断熱減率に従った一定の割合で上空ほど下がるようになる。一方，大気は夜間には地面から冷却されるため，日中にできた混合層の下部から順に安定な層へと移行していく。この層内では高度とともに気温が高くなっており，接地逆転層と呼ばれる（図12-2）。

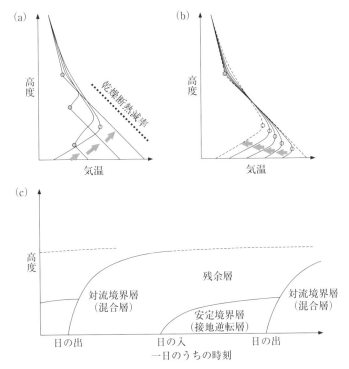

図12-2　大気境界層の日変化
(a) 昼間の気温鉛直分布の変化。　(b) 夜間の気温鉛直分布の変化。
(c) 各境界層の日変化。

12.3 ヒートアイランド

　都市が周辺地域より暖かい傾向にあることは，古く 19 世紀からロンドンなどのヨーロッパの都市で知られていた。都市の地図に同時刻の気温分布あるいは最低気温の分布を重ねて等温線を描くと，都心部の周りに閉じた等温線が何重にも巻き付いた島の等高線状の分布となり，「熱の島」という意味のヒートアイランドと呼ばれるようになった。

　このような都心部の気温の上昇は，日本の各都市でも見られ（図 12‐3），都市化の進展に伴って年とともに次第に大きくなっている。例えば東京では，平均気温がこの 90 年で 3 ℃近く上がっている（図 12‐4）。また，このような気温の上昇は東京だけでなく，他の都市にも見られる現象である。中小都市でも規模が小さいながらも多く見られ，都市の規模と昇温量との関係についても研究されている（図 12‐5）。

　一日の中での気温変化に関しては，日最高気温より日最低気温の上昇率が大きく，ヒートアイランドによる気温上昇は，昼間よりも夜間の方に顕著に現れている。また，季節に関しては，特に冬季の気温上昇が大きくなっている。日本の各都市において，夏季の昼間の気温上昇の影響により，真夏日（日最高気温が 30 ℃を上回った日）の日数は増加（図

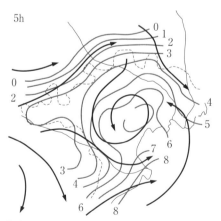

図 12‐3　1970 年代東京におけるヒートアイランド（河村，1977）[1]

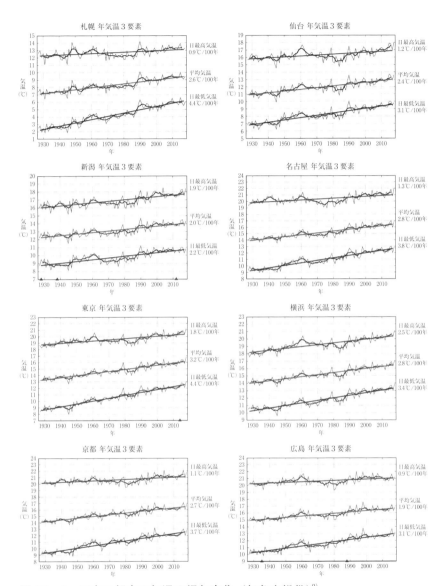

図 12 - 4　**日本の都市の気温の経年変化**（気象庁提供）[2)]
この 90 年ほどで各都市の日最高気温・平均気温・日最低気温が上昇してき
ている様子が分かる。

190

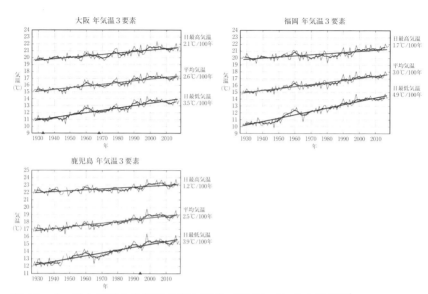

図12-4 日本の都市の気温の経年変化（続き）（気象庁提供）[2]

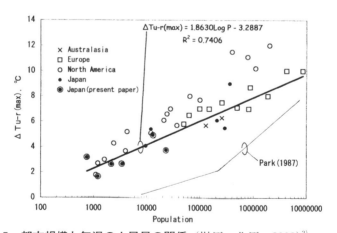

図12-5 都市規模と気温の上昇量の関係（榊原・北原，2003）[3]
人口の多い大きな都市ほど周辺地域との気温差が大きくなっていることを示すが，同時に小さな町でも周辺より気温が高くなっていることも分かる。

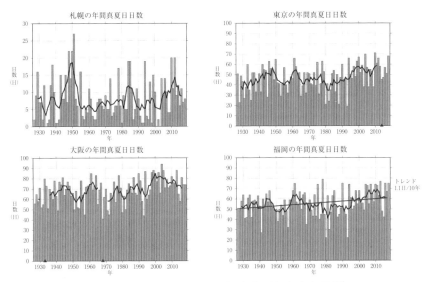

図 12-6　日本の都市の真夏日日数の経年変化（気象庁提供）[2]

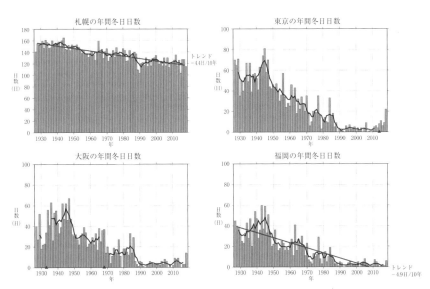

図 12-7　日本の都市の冬日日数の経年変化（気象庁提供）[2]

12-6) しているが，冬季の夜間の気温上昇の影響により，冬日（日最低気温が0℃を下回った日）の日数はさらに顕著に減少している（図12-7）。

12.4 ヒートアイランドの原因

12.1節でも述べたように，都市は大気に対してさまざまな影響を与えている。まず，産業活動によるエネルギーの使用に伴う多量の排熱は，都市域の大気を直接加熱している。また，都市では地表面の様子が元の自然の状態とは異なる。コンクリートなどの建造物や舗装された道路などで覆われて，土や葉が直接大気と接するところが少なくなっている。水面や植物に覆われた地表面からはそこから水分が蒸発できるのに対して，コンクリートやアスファルトは含む水分が少ないために，地表面から大気に与える熱（潜熱）の差として大気の環境に大きな影響を与える。また，コンクリートやアスファルトの熱容量が大きいという効果もある。さらに，境界の凹凸が自然の地面のそれとは異なることによる影響もある。都市の建造物による大きな凹凸は，地表面における風の摩擦を大きくする効果がある。

気温が上昇するのにはこれらいくつかの効果が複合して影響している。コンクリートやアスファルトで覆われた土地利用により，水分の蒸発による熱の吸収が抑えられて気温が上昇する効果の他，建築物の凹凸による摩擦増加のために地表面付近の熱が上空に運びにくくなる効果，人工排熱により直接的に大気が暖められる効果があると考えられている。また，夜間に関しては，これらに加えて建築物の熱容量が大きなことが作用して，昼間に蓄えた熱を大気に放出することにより気温が上げられる。

ヒートアイランドによる昇温は日中より夜間に顕著に現れていること

を述べたが，これは境界層内の大気の構造と関係がある。12.2節で見たように，昼間の大気は日射による地面からの加熱で1km程度の高さまで混合層が発達している。この層内は対流活動が盛んで，中の大気を一様に混合している。そのため，ここに都市から熱が加えられても，層内全体で混合され，地表面付近から上空1kmまでの全層を暖めるのに費やされることになる（図12-8（a））。その結果，加えられた熱の量に比して実際に起こる昇温量は小さめになる。それに対して夜間は，地表面付近に安定な接地逆転層が形成されるのであった。ここに加えられた熱は，地表面付近の薄い層のみを暖め，その結果，気温の上昇としては大きな値を示すのである（図12-8（b））。

　ヒートアイランドの状況を簡略化して考えると，地表面の一部が大気を暖めている状況として見ることができ，この結果として大気は水平方向に温度傾度が与えられることになる。これによって引き起こされる大気の循環は一般に水平対流ともいうが，これは第4章で学んだような大気の運動に他ならない。安定成層している状況での水平対流については実験的・理論的にも調べられていて，例えば加熱域上空では逆に気温が下がるクロスオーバーと呼ばれる現象が起こることなどの性質が知られ

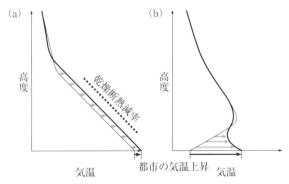

図12-8　昼と夜の都市による昇温の鉛直分布模式図
(a)昼間の昇温。温度が上がる範囲が上空まで広がり，地表での昇温量は小さい。
(b)夜間の昇温。温度が上がる範囲は下層に限られ，そこでの昇温量が大きい。

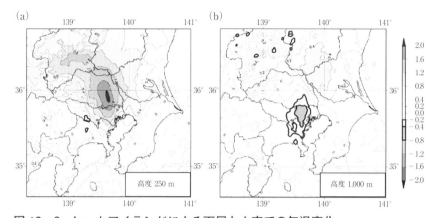

図 12 - 9　ヒートアイランドによる下層と上空での気温変化
都市気候モデルによって再現された 2012 年 8 月の 1 か月平均の 20 時におけ
る都市効果による気温上昇量。(a) 高度 250 m　(b) 高度 1000 m（気象庁,
2013[4]）より：原図はカラーで，赤と青で正負を示している。この図では，代
わりに - 0.2 ℃線を縁どって気温が特に下降している領域を示した）

ている。都心の加熱域上空でこのような低温領域が形成されることは，
実際のヒートアイランドでも確認される現象である（図 12 - 9）。

12.5　ヒートアイランドに影響を与える大気現象

　ヒートアイランドは，単独の現象としては都市の持っている効果に
よって気温が上昇するというものである。しかし，実際の都市域の気温
変化やそれに伴った風は他のいろいろな現象の影響を受ける。
　100 年近くの間に各都市で気温が上昇したことを述べたが，これがす
べて都市化によるヒートアイランドが原因というわけではない。地球温
暖化（第 15 章）の影響もこの中には含まれている。ヒートアイランド
の気温上昇は都市の周辺の高度 1 km 程度までの限定的な領域に集中的
に起きているのに対して，地球温暖化の影響は地球大気の全体的な気温

上昇をもたらすものであるが，これは都市域の気温にも影響を与える。実際には，都市化の影響の小さいと思われる観測点での昇温と都市化の著しい地域でのそれとを比較することにより，その効果の割合を見積もることができるが，大都市での気温上昇に関しては，ヒートアイランドの効果の方が大きいものの，全球的な気温上昇の効果もこれに上乗せされていると考えられる。

　総観規模の大気の状況もヒートアイランドの出現具合に影響を与える。例えば，発達した低気圧によって強風が吹く状況などでは，都市で発生した熱も風で運び去られて十分な気温上昇には結び付かない。ヒートアイランドは静かな弱風の状況で顕著に観測される。

　さらに小さなスケールの大気現象も，ヒートアイランドと結び付いて気温上昇の分布に影響する可能性が指摘されている。特に，昼間の都市域の気温上昇は海陸風の影響を大きく受ける。関東地方の夏の日中の最高気温は，東京よりも北西方向の内陸に入った前橋や熊谷の方が高くなることが多い。関東地方以外の方も，埼玉県熊谷は岐阜県多治見とともに，2007 年 8 月 16 日に 40.9 ℃という，その時点での日本での最高気温を記録したことでご存知の方が多いのではないだろうか。

　このような内陸地域での顕著な高温についてはいくつかの要因があるが，関東地方の大きな領域での海風の影響もその一つとして考えられている。海風については第 4 章で学習したが，このような風は，普通は海岸地方の比較的小さなスケールの現象である。ところが，地域ごとの局所的な海風と谷風が統合された形で，関東地方全体にわたる広域海風と呼ばれる大きなスケールの風系になることがある（図 12 - 10）。昼間の海風は海岸に近い地域から順に内陸地方に進入していき，その影響の及んだ場所の先端には海風前線を形成する。

　海風の生成は，ヒートアイランドによる気温上昇に影響を与える。海

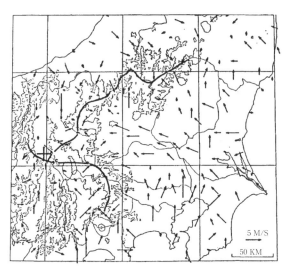

図 12 - 10　関東地方の広域的な海風（栗田ら，1988）[5]
1983 年 7 月 29 日 15 時の風系の様子。

風が吹くようになると，都市域の加熱は風で内陸方向に移流されて気温
上昇は抑制されるが，海風前線は海岸に近い地方から順次内陸地方に進
んでいくので，東京より内陸の広域海風の進入方向にある熊谷や前橋で
はその熱が輸送されてくる。関東内陸地域の夏の猛暑には，この地域自
体も都市化が進んでいることや，この地域の西にある山地による一種の
フェーン現象による効果も考えられるが，広域の都市化の影響による，
広い領域にわたるヒートアイランド現象の可能性も指摘されている。

研究課題

1)　一つの都市圏（東京・大阪・福岡など）と年を選び，気象庁のウェ
　ブサイトの「各種データ・資料 > 過去の気象データ検索」（http://

www.data.jma.go.jp/obd/stats/etrn/index.php）でその都市圏にある
いろいろな観測点の熱帯夜の日数を調べ，中心都市の熱帯夜日数が周
辺地域と比べてどうなっているかを見てみよう。これの原因がヒート
アイランドであると言っていいかどうかを考え，それ以外の要因の可
能性を調べるには，さらにどのようなデータを調べればよいかを検討
してみよう。

引用文献

1)　河村武（1977）：都市気候の分布の実態.『気象研究ノート　第 133 号「都市気
候に関する最近の展望」』日本気象学会, pp.26-47.
2)　気象庁：ヒートアイランド現象. http://www.data.jma.go.jp/cpdinfo/index_
himr.html.
3)　榊原保志・北原祐一（2003）：日本の諸都市における人口とヒートアイランド強
度の関係.『天気』日本気象学会, 50, pp.625-633.
4)　気象庁：ヒートアイランド監視報告（平成 24 年）. http://www.data.jma.go.jp/
cpdinfo/himr/2013/index.html.
5)　栗田秀實・植田洋匡・光本茂記（1988）：弱い傾度風下での大気汚染の長距離輸
送の気象学的構造.『天気』日本気象学会, 35, pp.23-35.

参考文献

• 　浅井冨雄（1996）『ローカル気象学』東京大学出版会.
• 　藤部文昭（2012）『都市の気候変動と異常気象―猛暑と大雨をめぐって―』朝
倉書店.

13 | 天気予報

田中　博

《**学習のポイント**》　天気予報は，気象学で学んだ知識や理解の応用技術として社会に大いに貢献している。風とは質量を持った空気塊の運動のことであり，ニュートンの運動の法則に従う。よって，温度や気圧の分布を調べることで風に働く加速度が分かれば，風の時間変化が分かり，将来の風の分布が予測可能になる。このようにして，大気の力学法則に基づいて作られる天気予報の仕組みについて学ぶ。
《**キーワード**》　数値予報，力学モデル，初期値，気象観測，データ同化，アノマリ相関

13.1　天気予報の歴史的変遷

　ひと昔前までは実際に空を見て，経験的に将来の天気を予測する観天望気が天気予測の主流であった。例えば，経験を積んだ漁師は，空の状態を見てかなり正確に近未来の天気を予測してきた。小さな漁船を操って漁を行っていた時代には，天気の変化が死活問題となる。朝，沖に出て夕方まで漁をする場合，天気が急変してしまうと命取りとなる。そこで，「夕焼けは晴れ，朝焼けは雨」などのことわざに代表される観天望気が，重要な天気予測の経験則として代々語り継がれてきた。戦国時代なども，その時代に可能な方法で天気を予測してきたはずで，より正確に予測した側に勝機が生まれた。

　19世紀のヨーロッパでは，天気予報の道具としてストームグラス（天

気管）が当時の航海士などに使われていた。これはある種の化学薬品を
アルコールに溶かしてガラス瓶に詰めたもので，溶液の沈殿や結晶の状
態によって近未来の天気やストームの来る方向が分かるとされた道具で
ある。気温の変化や気圧の変化に応じて，刻々とガラス瓶内の結晶構造
が変化するので，今日でも観賞用に売り出されているが，天気との関係
は未だに理解されていない。

　今日のように気象衛星が使える時代では，中緯度の偏西風帯において
天気は西からやってくることはひと目で理解できる。そのため，西の空
が晴れていて夕焼けがきれいな時は翌日晴れて，逆に東の空が晴れてい
て朝焼けがきれいな時には，西から雨雲がやってきてもおかしくない。
よって「夕焼けは晴れ，朝焼けは雨」などの観天望気が，今日の科学技
術によって裏付けされるケースもある。

　気象衛星があれば，日本の周辺を北上する台風の動きと広がりがひと
目で分かるが，それがない時代には，1954（昭和29）年の洞爺丸台風
による青函連絡船の沈没事故のように，誤った天気状況の把握により多
くの犠牲者が出ることもあった。洞爺丸の船長は気象判断に詳しいベテ
ランであったが，台風の風が弱まった際にラジオ情報と船の気圧計と付
近の風向きなどを考慮し，台風は既に通過し風は弱まるはずだとの誤っ
た判断で出航したところ，実は台風の目の中であったため，吹き返しの
強風にあおられて，出航直後に沈没したとの悲惨な報告がある。

　大気の物理法則に裏打ちされた近代気象学が発祥する以前は，統計的
手法で将来の天気を推測することが予報技術の主流だった。例えば，11
月3日（文化の日）は統計的に晴れることが多く，晴れの特異日（シン
ギュラリティー）として知られていた。長期間の過去のデータの統計に
より11月3日の晴天確率が大きいという根拠に基づいて，今年の11月
3日も晴天になるだろうという天気予報が代表的な統計的手法である。

しかし，実際には，たとえ過去に多く晴れた特異日があったとしても，未来においても晴れるという根拠は薄く，予報としては当たらないことが多い。履いている下駄を蹴り飛ばして，それが表になれば晴れ，裏になれば雨といった確率論的な天気予報と大差ないといえる。

　数値予報の基礎となる近代気象学の創始者はノルウェーのV・ビヤークネスである。彼は，19世紀の終わりに，気象観測を広域で組織的に行うことで，天気予報が可能となることを予言し，気象力学を集大成して多くの気象学者を育て上げた。

　それまでの統計的天気予報に代わって，大気の流れを支配する物理法則に基づいて将来の天気を予測したはじめての試みが，1922年，イギリスのリチャードソンという数学者によって行われた。大気の運動は質量を持った空気という物質の運動であるから，ニュートンの運動の法則に従わなければならない。つまり，力を加えると質量を持ったその物体は加速度を持つという物理法則である。近代気象学のさきがけとなった考え方の登場であった。リチャードソンの予測実験は膨大な手計算を要したため，実際には失敗し，予測は夢に終わってしまったが，数値予報の基礎を築いた画期的な発想であった。

　ここではリチャードソンの予測実験を今日の技術で再現してみよう。ニュートンの運動の法則を基に天気の将来予測を行うためには，初期値と呼ばれる現在の大気の状態を観測により知る必要がある。リチャードソンは過去にビヤークネスの指揮下で観測された1910年5月20日のヨーロッパの地上気圧と地上風の分布から初期値を作成した。ヨーロッパでの一斉気象観測に対し，東西南北に格子を設け，Pの記号の格子で気圧を求め，Mの記号の格子で風ベクトルを求めた（図13-1）。この気圧のデータから地上気圧の分布を描くと，図13-2のようになった。天気図の北東部にある北欧には1020 hPaの高圧域があり，南西域に低

圧域がある。フランス北部に 998 hPa の低気圧の閉じた曲線が描かれている。このような気圧分布と風ベクトルの図が得られれば，気圧の高い領域から低い領域に向かう加速度の分布が計算できるので，現在の風速

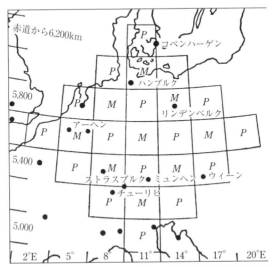

図 13 - 1　1922 年にリチャードソンが行った数値予報の格子点
M は運動量を与えたボックス，P は気圧を与えたボックス。

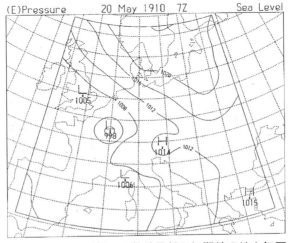

図 13 - 2　リチャードソンが行った数値予報の初期値の地上気圧

が加速されて将来の風速が計算できる。この加速度計算をすべての格子で繰り返せば，将来の天気図が得られるというのがリチャードソンの考えた予測の原理である。

　図13-3はリチャードソンの方法で計算した，初期値から6時間後の地上気圧の分布である。リチャードソンの方法に従い，今日のコンピュータを用いて彼の結果を再現した実験の結果である。計算結果では，高気圧と低気圧が異常発達してしまい，現実の地上気圧の分布とは全く異なる将来予測になってしまった。まさしく天変地異が起こったような将来予測になってしまい，予測実験は完全に失敗であった。この失敗により，その後四半世紀の間，リチャードソンが考えた物理法則に則った天気予報の開発を引き継ぐ研究者は現れることがなかった。

　やがて大気中には，地球の自転の影響でゆっくりと伝播する波が存在することが理論的に発見された。1939年のことであり，発見者の名前を取ってその波はロスビー波と呼ばれている。

　リチャードソンの考えた予測方法の問題点を理解し，計算機を用いてはじめて数値天気予報を成功させたのは，アメリカの気象学者チャーニーであり，それは1950年のことであった。温帯低気圧の発達や移動

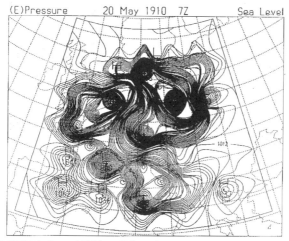

図13-3　初期値から6時間後の予報天気図の地上気圧

に重要なのは，ゆっくりと伝播するロスビー波であり，高速で伝播する音波や重力波は気象学では重要ではない。このような高速の波を大きなタイムステップの数値予報モデルで計算すると，誤差が増幅し，短時間のうちに天変地異が起こったような大気になってしまうことにチャーニーは気付いたのだ。そこで，ゆっくりと伝播するロスビー波だけを残した物理法則を新たに構築することで，リチャードソンが犯した問題は解決できたのである。チャーニーが用いた理論式は準地衡風モデルと呼ばれるもので，高速で伝播する音波や重力波は方程式の解から除去され，ゆっくりと伝播するロスビー波だけが解に含まれるため，数値モデルのタイムステップを大きく取って時間積分しても，安定した将来予測が可能となった。このモデルを用いてチャーニーは，北半球中緯度の偏西風帯にあるトラフやリッジの動きを1日先まで予測することに成功した。

　チャーニーの成功のあと，1956年にはアメリカのフィリップスによりはじめての大気大循環モデルが構築された。北半球を対象に等温静止大気を初期値として，南北に日射による加熱差を与えることで，やがて中緯度に偏西風ジェット気流が形成され，温帯低気圧が発生消滅を繰り返す様子がはじめて再現された。今日の高速コンピュータの登場，そして演算速度の高速化と足並みを揃えるように，リチャードソンが考えた，物理法則に基づいた天気予報の技術は急激に発展した。コンピュータの演算速度はチャーニーが最初に予報計算をした頃と比べ，1兆倍にもなり，今日の天気予報業務の基礎を支えている。

13.2　力学モデルによる将来予測

　それでは，私たちの日常生活になじみの深い天気予報はいったいどのようにして出されるのだろうか。本節では，力学モデルによる将来予測の原理をできるだけ簡単に説明する。現在の天気予報は数値天気予報（単

に数値予報という）が主流である。これは大気の運動や状態を支配する物理法則（運動量保存則・質量保存則・エネルギー保存則・状態方程式など）を，スーパーコンピュータを用いて時間軸に沿って数値的に積分し，将来の気象要素の値を求めるという方法である。

　例えば，運動量保存則（運動方程式のこと）を例に取ると，質量 m，加速度 a，力 F の間に次のニュートンの運動の法則が成り立つ。質量 m の物体に力 F を加えると，加速度 a が生じるという式である。

$$F = ma$$

ここで加速度 a とは速度 V の時間変化の割合，つまり $\Delta V/\Delta t$ であり，速度 V とは位置 X の時間変化の割合，つまり $\Delta X/\Delta t$ のことである。

　例えば，空気の塊として風船を考えると，風船の位置 X が風に流されて時間とともに変化し，Δt（秒）に距離 ΔX（メートル）だけ移動したとすると，$\Delta X/\Delta t$ が速度 V（メートル／秒）となる。時間間隔として単位時間の1秒を選べば，1秒間に風船の動く距離が速度になる。分母の Δt を限りなく小さくした時，ΔX も小さくなるので，$\Delta X/\Delta t$ の極限を dX/dt と書いて X の時間微分という。これが速度 V である。極限を取る前の値は差分という。

　同様に，風船の速度が Δt（秒）の間に ΔV（メートル／秒）だけ変化したとすると，$\Delta V/\Delta t$ が加速度 a（メートル／秒^2）である。時間間隔として1秒を選べば，1秒間の風船の速度変化が加速度となる。Δt を限りなく小さくした時，ΔV も小さくなるので，差分 $\Delta V/\Delta t$ の極限を dV/dt と書いて V の時間微分と呼ぶ。したがって，加速度 $dV/dt = a = F/m$ について上の運動の法則を書き直すと以下となる。

$$dV/dt = f$$

ここで，$f = F/m$ は力を質量で割った量なので，単位質量あたりの力である。

　上の式は変数 V の時間変化が外力 f で与えられるという関係式で，これを力学モデルという。力学モデルは時間微分を含んだ式なので，微分方程式という。加速度とは速度の時間変化のことであり，気象学に応用すれば空気塊の速度（つまり風）の時間変化のことである。したがって，空気の質量とそれに加わる力とを気象観測により求め，この式を時間で積分することにより，現在の風 $V(0)$ から，Δt だけ将来の風 $V(\Delta t)$ の様子が求められる。時間微分を差分で近似し，変形すると，以下の予報式が導かれる。

$$V(\Delta t) = V(0) + f\Delta t$$

ここで，現在の風の $V(0)$ の状態（これを初期値という）は気象観測により得られる。上の予報式は $V(t)$ の漸化式となっており，式の左辺の計算結果を式の右辺に代入して繰り返すことで，将来の値が確定する。数値積分とは，この初期値と漸化式の組み合わせから将来の値を計算して求める方法をいう。

　力学モデルの重要な特徴は，理論式が時間微分を含んだ微分方程式であることから，式を積分することで過去から未来までの値が確定することである。よって，その理論式を時間積分することで将来予測が可能となる。ニュートンの運動の法則 $F = ma$ は典型的な力学モデルなのである。ここでの外力とは，具体的には気圧傾度力やコリオリ力などのことである。

　図 13-1 のように，この原理に従って予報領域のすべての格子点で，風に限らず気温や気圧をも予測する。一つのタイムステップについて将来の値 $V(\Delta t)$ が計算できたら，それを新たな初期値として同様に時間

積分を繰り返せば，タイムステップの2倍の将来の値 $V(2\varDelta t)$ が計算できる。この作業を繰り返すことで，1日先，10日先，1年先と予測時間を延長することができる。

13.3 現在の数値予報モデル

現在の天気予報はスーパーコンピュータを用いた数値予報として行われる。数値予報モデルとは複数の物理法則をコード化した計算プログラムのことを指す。地球大気を水平鉛直3次元の格子点で分割し，それぞれの格子点での気温，気圧，風などの気象要素を数値として表現し，力学モデルの原理で将来を予測する手法が数値予報である。原理的にはリチャードソンの数値予測と同じであるが，気象学の進歩，気象観測の進歩，コンピュータの高速化によって技術的に高度化している。リチャードソンはヨーロッパ地域のみを予測の対象としたが，現在の数値予報は地球全体（全球）の大気を計算の対象とする（図13-4）。気象庁の現行の全球数値予報モデルの水平方向の格子間隔は約20 kmであり，鉛

図13-4　全球数値予報モデルの格子点（気象庁提供）

直方向の格子数（層数という）は100層であるが，常に改良が施され，予報精度が年々向上している。

　さらに，日本付近ではよりきめ細かな予報をするために，格子間隔が5kmのメソ数値予報モデルが全球モデルに埋め込まれる形で運用されている。後述するように，初期値を少しだけ変えて週間予報を多数回行い，その平均を取ることで予報精度の向上を図った週間アンサンブル予報や，さらに長期の1か月アンサンブル予報，3か月アンサンブル予報がある。予測する期間が長くなると，海洋の影響が大きくなるので，大気モデルと海洋モデルが結合した大気海洋結合モデルが用いられる。100年先の気候予測となると，海洋の他に陸域，雪氷，植生などのモデルとも結合した気候システムモデルや，地質学も取り込んだ地球システムモデルの開発が必要である。気象庁では，毎日の天気予報以外にも，台風が発生した時にだけ運用される台風予報モデルなども開発されている。

　気象庁のこれらの現業の数値予報モデルの他に，研究開発用の超高解像全球モデルの中には，全球を800mの格子間隔で表現したモデルが，スーパーコンピュータを用いて実験運用されるようになった。第9章で紹介した図9-2（口絵参照）は，格子間隔7kmの全球雲解像モデルで再現した台風とハリケーンを含む全球の雲の再現実験であり，赤道上の静止衛星画像と異なり，北極から南極までの雲画像を任意の投影法で表現することができる。

　リチャードソンの実験以来，数値予報モデルはコンピュータの高速化と並行して発展してきた。今後も両者の関係はこれまで同様に，世界最速のコンピュータの開発が世界最高の数値予報モデルの開発を支えてゆくことであろう。

13.4 多様な気象観測

　力学モデルの節で述べたように，数値予報を行うためには数値予報モデルの初期値を作成しなければならない。初期の大気の状態を正確に把握するには気象観測が必要である。例えば，格子間隔が800mの全球数値予報モデルには，800m間隔の気象要素の正確な初期値が必要となる。陸地はともかく，海洋上や南極大陸上も初期値を作成しなければならない。世界中の観測データを入手するためには国際協力が欠かせない。

　最も基本的な気象観測は，GPSゾンデ（ラジオゾンデ）による高層観測であり，世界に約900か所の観測所が設けられている（図13-5）。GPSゾンデとは，GPSによる位置情報とともに，気温，気圧，湿度，風向・風速を観測する白い小箱に入った計測器を白い風船にぶら下げて放球し，高度約30kmまでの大気の状態を測定する観測法である。観測結果は電波で地上にリアルタイムで送られてくる。世界標準時の0時と12時（日本では9時と21時）に世界中で一斉に観測が行われ，その結果は短時間のうちに世界中の気象局（日本は気象庁）に配信される。日本には16か所の高層気象観測所があるが，海洋上にはほとんど観測

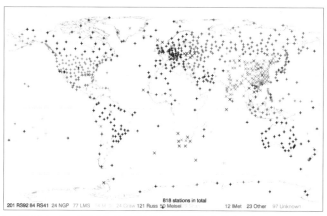

図13-5　ラジオゾンデによる高層気象観測点の分布（Ingleby，2017）[1]
2016年12月時点における高層気象観測所。

点がない。それが初期値作成上の問題となっている。

　地上観測ステーションは世界に約1万1000か所ある。日本のアメダス（AMeDAS：Automated Meteorological Data Acquisition System）には1300地点の降水量観測網があり，世界に誇る高密度観測システムとなっている。このうち約840地点（約21km間隔）では，地上の風向・風速，気温，降水量，日照時間の観測が自動的に行われ，気象庁にデータが送信される。

　ドップラー気象レーダーによる観測では，送信した電波が雨粒や雪雲に当たって反射する電波を捉えることで，雨雲内の雨滴（雪片）の量と動径速度を計測することができる。現在は気象レーダーによる観測の値をアメダスで補正し，広域の雨量の分布として表現したレーダー・アメダス合成図が，台風の接近や集中豪雨の際の実況把握に役立てられている。最近ではXバンド・マルチパラメータレーダー（MPレーダー）と呼ばれる水平・鉛直の2重偏波レーダーを用いて，雨粒や雪片の大きさや形状を推定することができるようになった。Xバンドの波長は3cmで，他にCバンド（波長5cm）が気象レーダーに用いられている。送信波と反射波の波長差を計測することで雨粒の動径速度を計測する装置がドップラーレーダーである。ドップラーレーダーは複数台組み合わせることで，風ベクトルの空間分布の計測が可能となることから，竜巻を作る親雲の検出に有効である。

　対流圏中下層の風ベクトルの計測には，2001年4月から運用を開始したウィンドプロファイラーが用いられる。ウィンドプロファイラーは指向性のある電波を天頂の周辺の斜め方向に多数のビームを発射し，大気密度の揺らぎによって反射する電波をドップラーレーダーと同じ原理で分析することで，風向・風速の鉛直分布の計測を可能にした。日本が開発した装置であり，2014年の時点で，日本国内に33台配置されている。

この観測処理システムはアメダスを参考にして，ウィンダス（WINDAS：WInd profiler Network and Data Acquisition System）と名づけられている。さらに，ウインドプロファイラーを高速化したフェイズド・アレイや，レーザー光線を用いて晴天域の風速を測るドップラー・ライダー観測装置などの開発が進んでいる。

　気象衛星には，高度3万6000 kmの赤道上にある静止気象衛星と，南北に北極と南極間を高度850 kmで周回する極軌道衛星がある。米国の気象局は両方の衛星を持っているが，日本は静止衛星のみを運用している。1977年に最初の静止気象衛星「ひまわり」が打ち上げられて以来，途切れることなく観測が続けられ，2020年現在はひまわり8号・9号が稼働している。静止気象衛星は，地球から宇宙に向けて放射される可視光線と赤外線のチャンネルで地球全体の雲や水蒸気量の分布を計測している。時間的に高頻度かつ高解像度で計測される画像により，海洋上の台風の構造やその変化を詳細に計測できるようになった。

　気象や海洋の観測としては，これらの他に，海洋に浮かぶ約7000隻の船舶やブイからの入電による海洋気象観測や，約3000機の航空機観測からの入電がある。そして，国際プロジェクトとして2000年から開始されたアルゴ計画は，全球の水深2000 mまでの水温と塩分の広域的な観測を可能にした（図13 - 6：口絵参照）。アルゴ計画では約4000台のアルゴフロートと呼ばれる自動的に浮き沈みを繰り返すブイの稼働により，海洋内部の鉛直断面の万遍なく，継続的なデータ採取が可能になった。アルゴフロートによる全球観測システムは，大気に放球されるラジオゾンデの海洋版ともいえる画期的な観測網である。

13.5　数値予報モデルの初期値

　これらの多種多様な気象海洋観測データから数値予報モデルの初期値

を作るためには，データの空間内挿を行う必要があるが，数値予報モデ
ルを用いることで，単純な統計的な空間内挿よりはもっと巧みな時空間
内挿が可能である。天気予報業務では，観測で得られたデータを数値予
報モデルによる予報解析サイクルの中に組み入れる（同化する）ことで，
最適な初期値の推定が行われる。時間積分を行う数値予報モデルに，観
測データを同化させ，モデル大気を可能な限り観測データと整合的に変
動させる技術は4次元同化と呼ばれる。気象学が他の地球科学分野に先
駆けて開発してきた最先端の機械学習技術の一つである。

　数値予報モデルの精度がもし完璧であれば，理想的な条件の下では，
観測データが得られるたびにそれをモデルに同化（学習）し続けること
で，モデル大気の変動は次第に現実大気の変動に収束するようになり，
やがて両者は一致するようになる。つまり，海上に観測データがあまり
なくても，陸上に密な観測網があれば，その観測データをモデルに同化
し続けることで，モデル大気は現実大気と一致するようになり，観測デー
タのあまりない海洋上も含めて，全球の大気の状態を正確に把握できる
ようになる，というのが4次元同化の原理である。4次元同化には，原
始的なナッジング法，最適内挿法などから，高度な3次元変分法，4次
元変分法，カルマンフィルターなどの手法が開発されている。

　これらの手法で，過去数十年の長期の観測データを再利用して，モデ
ル大気に同化したデータは，長期再解析データと呼ばれる。過去の観測
データを同化し続け，現在に至った解析データは最適な初期値である。
観測点の多い陸地においては，観測誤差の範囲よりも高精度の初期値が
得られ，観測データの少ない海洋上や南北両極についてもかなりの精度
を持った初期値となっている。この初期値を用いて将来予測が実行され
る。予報精度の向上には，数値予報モデルの精度向上と同程度に，この
初期値の精度向上が重要であることが知られている。

　図 13 - 7 は，温帯低気圧が陸地から海洋に移動する際の 4 次元データ同化の概念図である。陸上には観測点が豊富で，低気圧の構造が天気図に描かれているが，海洋上に観測点はないものとする。仮に大気は一様流によって西から東に流されるだけだとすると，移流だけからなる数値モデルの中で温帯低気圧が陸から海に移動する際に，陸の上での観測データを数値モデルに同化し続けると，観測のない海洋上も含めて中緯度の全体像が数値モデルの中に記録（学習）される。こうして，低気圧が偏西風帯を一回りすることで，モデル大気は真の大気に収束し，中緯度の全体像が把握できる。これが 4 次元同化のイメージである。このようにして限られた領域の過去のすべてのデータを有効利用することで，最適な初期値を得ることができる。

13.6　数値予報の予報精度

　以上述べたように，数値予報モデルと気象観測を組み合わせることで，現業の天気予報は力学モデルによる予測と初期値の解析を繰り返すという 4 次元同化サイクルにより作成される。新たな初期値ができれば，その初期値を出発点に力学モデルにより将来を予測する。将来の数値で表された気象要素を予報天気図として公表する。そうしているうちに新たな観測データが入電されるので，それを予測値に同化して最適の解析値に修正することで次の初期値ができると，それを出発点に将来を予測す

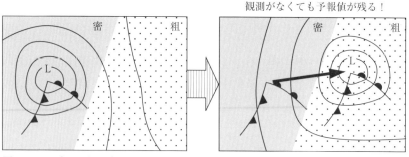

図 13 - 7　観測点の多い陸地から少ない海洋に移動する低気圧（気象庁提供）

る。この予報解析サイクルを全球モデルでは 6 時間間隔で繰り返すのである。日本周辺領域を対象としたメソ気象モデルでは予報解析サイクルが 3 時間間隔で繰り返される。

　観測データの解析は過去に対して行われるが，予報は観測データの存在しない将来に対して行われることから，モデルの中の大気の様子は刻々と現実とは異なるものになる。遠い将来までモデル大気が現実大気と同じ振る舞いをすれば，予報精度は良いといえるが，現実には 1 週間先の将来は現実とはかなり異なったものとなる。

　コンピュータシミュレーションによる予測が，現実大気とどの程度一致するかは，予報誤差の時間的増大を定量化して表現したり，平年偏差の空間相関（アノマリ相関という）を計算したりして表現する。図13 - 8 はアノマリ相関が時間とともに低下する様子を予報時間の関数として表したものである。初期値のアノマリ相関の値はほぼ 1 となる。相関係数が 0.6 以上ならば，予報は成功し，それ以下ならば予報は外れていると定義すると，約 7 日先までは十分成功しているが，それ以上先は外れているといえる。

　世界各国の気象機関は，日々の予報精度を上げるべく努力しているが，予報時間が延びると，どうしても現実の大気の状態からずれてしまう。その原因の一つは，解像度を含むモデルの精度であり，他に物理法則の中に含まれる不確かさなどが原因となる。特に，積乱雲が原因で生じる集中豪雨などは解像度を上げないと正しく再現できないという問題があり，それに加えて積乱雲の中で発生する凝結の潜熱などはモデルでは正しく再現できないという問題がある。

　予報精度を低下させるもう一つの原因は初期値に含まれる誤差であり，高解像度化すればするほど，海上の初期値には大きな誤差が含まれ，その誤差が時間とともに増大するという大気の運動自身に含まれる性質

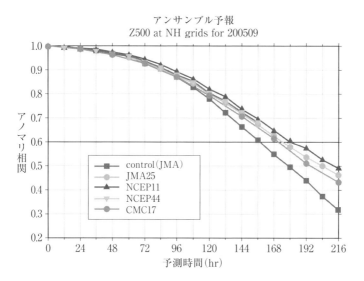

アンサンブル予報
Z500 at NH grids for 200509

縦軸: アノマリ相関
横軸: 予測時間(hr)

- control(JMA)
- JMA25
- NCEP11
- NCEP44
- CMC17

JMA：Japan Meteorological Agency（気象庁）
NCEP：National Centers for Environmental Prediction（米国環境予測センター）
CMC：Canadian Meteorological Center（カナダ気象センター）

図 13 - 8　気象庁現業予報の北半球 500 hPa 高度のアノマリ相関
（Matsueda, 2008）[3]
略語の直後にある数字はアンサンブル予報のメンバー数を表す。例えば，
「JMA25」はメンバー数が 25 であることを意味する。

　がある。この性質は科学技術の進歩では克服できない本質的な問題であ
り，この性質のことをカオスという。最初にカオスの存在を発見したの
はローレンツというアメリカの気象学者であった。初期値に含まれるわ
ずかの誤差が時間とともに指数関数的に増大する性質により，遠い将来
は予測できないというカオスの性質は，気象学以外の広い科学分野で認
識されるようになった。
　このカオスの問題を克服する一つの方法として，観測誤差程度の誤差
を初期値に上乗せして，多数の将来予測を繰り返し，その平均をとるこ

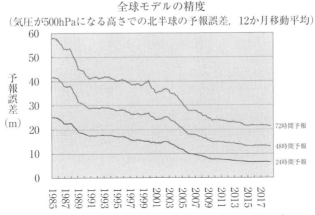

図13-9　全球モデルの予報誤差の経年変化（気象庁提供）[4]

とで予報精度を上げるアンサンブル予報と呼ばれる試みが，今日の長期
予報の主流となっている。図13-8では気象庁の数値モデルによる単発
予報では6.5日予報でアノマリ相関が0.6を下回るが，メンバー数25の
アンサンブル予報を行うことで，7.2日まで予報精度が向上することが
示される。図13-9は1985年以降の全球モデルの予報誤差の経年変化
を示す。値は北半球500 hPa等圧面高度の24時間，48時間，72時間の
予報誤差（m）の12か月移動平均である。2018年の72時間予報の精
度は1985年の24時間予報と同程度に向上したことがわかる。他の国の
気象局の予測精度と比較しても，今日の予報精度は8日先の予報が限度
である。

研究課題

1）　数値予報の原理は，時間微分を含んだ力学系の特徴を利用している。
　　力学系の定義を数式で示し，その時間微分を差分で近似することで，

現在から将来を予測する式を導いてみよう。

2) 数値予報モデルが完全でも，初期値に誤差があることで2週間先を
予測することが原理的に不可能となる。その背景にあるカオスという
性質について各自で調べてみよう。

引用文献

1) Ingleby, Bruce (2017): An assessment of different radiosonde types 2015/2016. *ECMWF Technical Memorandum No. 807*. https://www.ecmwf. int/sites/default/files/elibrary/2017/17551-assessment-different-radiosonde-types-20152016.pdf. p.4, Figure 2.1 "Main radiosonde types, December 2016".

2) JAMSTEC : Argo JAMSTEC. http://www.jamstec.go.jp/ARGO/.

3) Matsueda, M. (2008): Development of multi-center grand ensemble prediction and its application to high impact weather. Dissertation, University of Tsukuba. 106pp. http://gpvjma.ccs.hpcc.jp/~tanaka/ugomeku/DS/2008matsueda. pdf.

4) 気象庁 : 数値予報の精度向上. https://www.jma.go.jp/jma/kishou/know/ whitep/1-3-9.html.

14 | エルニーニョと大気海洋相互作用

田中　博

《学習のポイント》　地球大気は，大気海洋相互作用により，常に海面との間
で熱や水蒸気のやり取りを行っている。したがって，長期予報を行う際には，
グローバルな海洋の構造と海流についても知る必要がある。熱帯太平洋の海
面水温が異常に高くなる現象がエルニーニョで，逆に低くなる現象がラニー
ニャである。これらの海面水温の異常が，地球規模で各地に異常気象をもた
らす仕組みについて学ぶ。
《キーワード》　海洋，海流，風成循環，熱塩循環，温度躍層，エルニーニョ，
ラニーニャ

14.1　大気と海洋の相互作用

　天気予報を精度よく行うためには予報モデルの精度を向上させること
と，初期値の精度を向上させることが必要であることを学んだ。ところ
が，大気の運動を支配する物理法則は，初期条件の精度の他に境界条件
の精度にも大きく依存する。全球モデルについていえば，境界条件とは
大気下端の地表の70％を占める海洋と30％を占める陸地の多様な条件
と，大気上端の宇宙空間との境界のことである。大気上端については，
短波放射の入射と反射，長波放射の射出が主な境界条件である。大気下
端については地表面熱収支の状況，地表面アルベドの変化，空気抵抗と
なる地表摩擦や粗度，山岳抵抗などが関係してくる。陸地は固定されて
いるが，海洋は海流として移動しており，鉛直対流により表層水は深層

水との間で熱や物質の混合を行っている。そのため海洋は，数年，数十年，数百年というタイムスケールで変動し，大気の長周期変動の重要な境界条件として複雑な振る舞いをする。

　数年おきに赤道太平洋で発生するエルニーニョ現象は大気海洋相互作用を通して大気に大きな影響を及ぼす。気候変動の解明には，大気と海洋は切り放すことができない。エルニーニョが発生すると，大気循環が変化し，世界中で異常気象が続発する。一方，そのエルニーニョは赤道付近の大気循環（貿易風）の変動が引き金となって生じると考えられている。

　大気と海洋の両者がどのように相互作用を及ぼし合っているのかについて考えてみよう。

14.2　海洋の構造

　地球の表面積の 2/3 を占める海洋の構造はどうなっているのか。表層流・中層流・深層流はどのように循環し，それはどのようなメカニズムで生じているのか。ここでは，風により引き起こされる風成循環，塩分と温度の分布で駆動される密度流，大洋の西岸で海流が速まる西岸境界流，鉛直方向に水温が急変する水温躍層などの概念を説明しよう。

　海の熱容量は陸に比べて大きく，したがって日変化や年変化は陸と比べて相対的に小さい。陸地の年平均温度は約 12 ℃であるのに対し，海の表層の年平均水温は約 18 ℃である。水深 100 m 程度までは太陽放射が到達し，可視光線の吸収や大気からの熱の伝達により温度の季節変化の著しい層がある。その下ではほとんど季節変化がないので，鉛直方向に温度が急変する層ができる。これを季節水温躍層という。

　高緯度を除くと海水は表層から温められるので，上ほど軽くなり対流が起きにくい。一方で，高緯度での表層の冷却などにより重くなった海

水がゆっくりと深海に沈み込み，地球全体の海洋に広がることにより，深海には約2.4℃の冷たい海水が溜まっている。この冷たい層の上に水深500〜700 mの比較的暖かい層がプールのように乗っているというのが海洋の温度構造である（図14-1 (a)）。この冷水塊との境目で鉛直方向に温度が急変する層がある。これを主水温躍層（温度躍層）という。海水の密度は温度と同様に塩分にも依存するので，海面における蒸発・降水や海氷の融解，さらに河川からの淡水の供給などにより複雑に変化する。

　表層流の特徴としては，海上風による風の応力により風向に従って引きずられる表層流にはコリオリの力が右向きに働くため，風の方向よりも約45°右向きに表層流が生じる（図14-1 (b)）。海上風と上層の地衡風の間にも45°のずれがあることから，この表層流の方向は上層の地衡風の方向にほぼ一致するという特徴がある。海上風によって駆動される表層流は吹送流とも呼ばれる。表層流の下では，この表層流に引きずられる海流にさらにコリオリの力が働き，海流が順次右向きに向きを変えるため，流速のベクトルは時計回りに螺旋を描くことになる。この螺旋のことをエクマン螺旋という。エクマン螺旋を鉛直平均すると，海上風と直角右向きの流れとなる。この流れをエクマン輸送という。

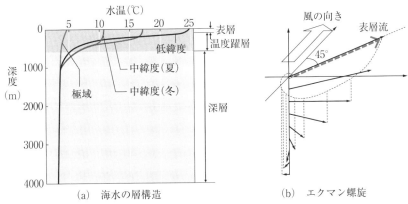

図14-1　海水温の鉛直構造と水温躍層（森本・天野・黒田・他，2014）[1]，**エクマン螺旋**（木村・新野，2010）[2]

220

　世界の表層流の分布を図14‐2に示す。太平洋や大西洋における大まかな海流の分布は海上風と非常によく対応していることが分かる。赤道付近では貿易風による東風との応力のために，東から西に向かって北赤道海流・南赤道海流が流れる。ただし，ところどころに逆向きの赤道反流が見られる。一方，中緯度では南北の偏西風との応力により西から東へ向かう黒潮，北大西洋環流，南極周極流が見られる。これら低緯度と中緯度の海流が，北半球で時計回りに，南半球で反時計回りに亜熱帯環流と呼ばれる循環を形成している。さらにその高緯度側には弱いながらも逆向きの亜寒帯環流が見られる。南極海流は大陸に遮られることなく地球を一周できる唯一の環流である。太平洋において海流の速さは西側の黒潮領域で最も速く（これを西岸境界流という），東側のカリフォルニア海流域で遅いという特徴がある。この東西の非対称は地球の回転の影響によるものである。海流の中でも，このように海面上の風によって引き起こされる海流を吹送流あるいは風成循環という。

　吹送流とは別に，密度の違う海水が接し，重い海水が軽い海水の下に

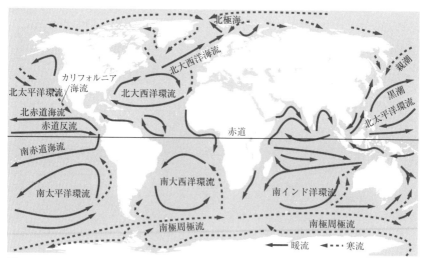

図14‐2　世界の主な表層海流（森本・天野・黒田・他，2014）[1]
亜熱帯環流の流速は大洋の西に位置する海域で大きくなり，西岸強化流と呼ばれる。

沈み込んで生じる流れを密度流あるいは熱塩循環という（図14-3）。高緯度で冷却され，深海に潜る密度流のうちでも，海氷の融解により塩分が薄くなった海流は，中層流となって主温度躍層のすぐ下を低緯度に向かって流れる。また，極域で海氷が形成される際には淡水が選択的に凍結し，濃縮された塩分を含む海水が深海に溜まる。これが海底に沿って密度流として流れ出したものが低層流である。中層流と低層流との中間には，深層流が補償流として逆向きに流れている。

　図14-3に主温度躍層の下の深層循環の地理的概略を示した。主としてグリーンランド沖で生成された密度の大きい海水は沈降して北大西洋海盆に流れて低緯度に向かい，赤道を南下して南極環流に入り，そこからインド洋を経て太平洋の深層水を供給している。この深層水はやがて緩やかに上昇し，主温度躍層を通過して表層に還元される。この熱塩循環は一巡するのに数千年必要とされる。

　最近では，地球温暖化の影響で海氷面積が減少し，グリーンランド沖の深層水の供給が断たれて，地球規模で海洋循環に異変が生じるのでは

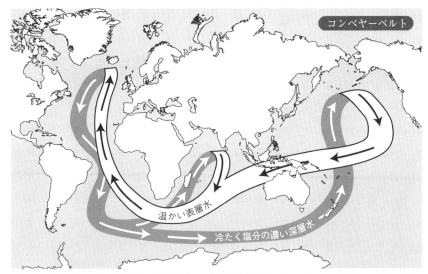

図14-3　**海水の密度差で駆動される熱塩循環**（Broeker, 1991 の Fig.1 を基に改変）[3]

ないかとの学説が紹介されている。

14.3 エルニーニョとラニーニャ

　南米の西海岸にあるペルー沖で数年に一度海面水温が異常に上昇する現象がある。このような現象はクリスマスの頃に始まるので，神の子（男の子）を意味する「エルニーニョ」という名で呼ばれている（図14-4）。エルニーニョ現象が発生すると地球全体の気象に影響が及び，異常気象が発生しやすくなる。エルニーニョの発生には赤道付近の南東貿易風の変化が関係している。

　通常は赤道上の貿易風に引きずられ，海流は東から西に流れて赤道海流を形成している。ペルー沖では深海から沿岸湧昇流として冷水が湧き出し，赤道海流を補償している。西部太平洋では高温の海水が溜まり，表層水の下に沈んで赤道潜流として東に戻る。したがって，太平洋赤道上の海水は西ほど暖かい分布になる。熱帯の積雲対流活動は海面水温の最も高い西部太平洋で活発であるが，ここで生じた上昇気流は対流圏界面で東に向かい，東部太平洋で沈降して貿易風に戻り，東西循環を形成

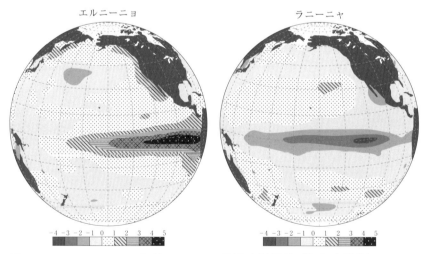

図14-4　エルニーニョとラニーニャの海面水温偏差（気象庁提供）

する。

　貿易風が何らかの原因で弱まると風成循環としての赤道海流が弱まるため，西部太平洋の暖水が東に押し戻されると同時にペルー沖の沿岸湧昇流による冷水の湧き出しが弱まる。このため，ペルー沖では海面水温が上昇し，エルニーニョが発生する。エルニーニョの年には暖水域が太平洋東部に移ることによりペルー沖でも対流活動が活発になる。この時の大気の東西循環は弱くなっている（図14-5）。エルニーニョとは逆にペルー沖の海面水温が異常に低くなる年もあり，それはラニーニャ（女の子の意味）と呼ばれている。大気と海洋は密接に相互作用を及ぼし合っているため，エルニーニョに代表される海洋の変動は，大気の東西循環の強さの指標である南方振動指数（タヒチとダーウィンの気圧差による指数）により表現することができる。

　赤道太平洋の南米ペルー沖は，カタクチイワシが豊富に捕れる良い漁場として知られている。この海域が良い漁場となっている理由は，この

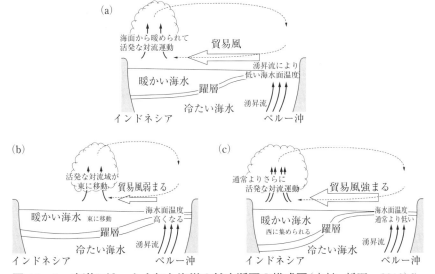

図14-5　赤道に沿った大気と海洋の鉛直断面の模式図（木村・新野，2010）[2]
(a) 赤道太平洋域での大気と海洋が相互作用している様子。
(b) エルニーニョの時の状態。　　(c) ラニーニャの時の状態。

あたりの海域で湧昇流が起こっており，深層からリンや窒素などの栄養塩が豊富に湧き上がっていることによる。赤道海洋表層では太陽の光も十分に届くため，植物プランクトンが繁殖する。豊富な植物プランクトンは海洋の生態系の食物連鎖において，最も基礎的な要素であり，それを食べる動物プランクトン，さらにそれらを餌とする食物連鎖の上位にある魚も集まり，その結果，この海域は良い漁場となるのである。

　この湧昇流は一年中一定の大きさを保っているのではなく，季節によって変化する。この海域では夏に湧昇流が弱くなる時季を迎え，海水温も一時的に上昇する。この時季は南半球の夏なので12月頃であり，地元の人たちはスペイン語でキリストを意味するエルニーニョと呼んでいた。このような海水温の上昇は季節的な現象であり，すぐに湧昇流が復活して海水温は低下し，栄養塩の量も豊富になる。しかし，数年に一度，このような水温が上昇する現象が1年以上も続くことがある。しかもそれはペルー沖の局所的な現象ではなく，赤道太平洋全体にわたる非常にスケールの大きな現象であることが分かってきた。このような現象を通常のエルニーニョと区別して，エルニーニョ現象と呼ぶ。ただし，一般にはエルニーニョ現象を単にエルニーニョと呼ぶことが多いので，特に区別しないで用いる。

14.4　南方振動と ENSO

　さて，エルニーニョは海洋で発生する海洋の現象であるが，大気の現象である南方振動と密接に関係している。20世紀のはじめ，ウォルター卿は南太平洋のタヒチ島の気圧とオーストラリア北部のダーウィンの気圧との間に，非常に良い逆相関があることを発見した。つまり，タヒチの気圧が高い時にはダーウィンの気圧は低く，タヒチの気圧が低い時にはダーウィンの気圧が高くなるという関係が見い出されたのである。こ

の地上気圧差を指標とした変動を南方振動と呼んだ。この両地点が1万キロも離れているにもかかわらず，このように明瞭な逆相関が見られたということは，壮大な熱帯大気循環の変動が関わることを示唆するものであった。当時，ヨーロッパのアゾレス諸島とアイスランドの地上気圧についても逆相関が見られることが知られており，それを北方振動と呼んでいたことから（のちに北大西洋振動や北極振動と呼ばれる現象のこと），このタヒチとダーウィン間の地上気圧差のことを南方振動と呼んだ。

　南方振動の様子を定量的に表す指標として，タヒチの気圧からダーウィンの気圧を引いた値を南方振動指数（SOI：Southern Oscillation Index）と呼ぶ。この南方振動指数とエルニーニョ領域の東部太平洋の海面水温（エルニーニョ指数）との間に，非常に良い相関が見られる。図14-6は1868年以降のエルニーニョ指数をグラフにしたものであり，正がエルニーニョ，負がラニーニャに対応する。1982/1983年と1997/1998年に大きなエルニーニョが発生したことがわかる。エルニー

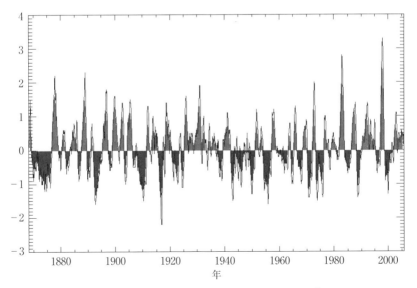

図14-6　1868年以降のエルニーニョ指数（気象庁提供）[4]

ニョという海洋の現象は，南方振動という大気の現象と密接に関係している。実際，エルニーニョと南方振動とは大気海洋相互作用を通じて一体化した現象であることから，両者をまとめて「エルニーニョ・南方振動：El Niño Southern Oscillation」の頭文字をとって ENSO（エンソ）と呼んでいる。

14.5 ENSO のメカニズム

それでは，ENSO，つまりエルニーニョと南方振動がそれぞれ海洋と大気の現象の相互作用として，具体的にどのようなメカニズムでつながっているのかを説明しよう。

一般に表層付近の海洋の温度は高いが，深層に行くと温度は低くなる。深層の冷たい海水の上に暖かい表層水が乗っているので，その境目で温度が急変する。この温度が急変する層を温度躍層と呼ぶ。

一方，赤道域の大気には貿易風と呼ばれる偏東風が見られる。この偏東風との応力の影響で赤道海流が風成循環として駆動され，暖かい表層水が西部赤道太平洋に蓄積され，東部赤道太平洋では深層の冷たく栄養塩に富んだ水が湧昇流となって表層に湧き出している。そのため，温度躍層は東部で浅いところに，西部で深いところに形成され，東西に傾いている。一方，西部の暖かい海水（ウォームプールともいう）の上では，豊富な潜熱の供給により積乱雲による対流が活発になり，広域の上昇気流が起こる。その上昇気流は対流圏界面で西風となって東部のペルー沖に向かい，そこで下降流となって地上付近の貿易風となる。この赤道に沿った大気の鉛直東西循環は発見者の名前を取ってウォーカー循環と命名されている（図6-3）。赤道に沿った東西方向の海面水温の差は，ウォーカー循環を駆動し，それによる下層の貿易風の強化が，さらに東西方向の海面水温の差を大きくするという正のフィードバックが働いて

いる。

　この大気と海洋の正のフィードバックが何らかの原因で弱まり，下層の貿易風が弱まると，赤道海流が弱まるため，東部の湧昇流が弱まり，この領域の海面水温が上昇すると同時に，西部のウォームプールが薄くなって温度躍層が浅くなる。これがエルニーニョ現象である。この時，地上気圧の東西の差は小さくなっていて，南方振動指数は負となる。

　逆に，何らかの原因で下層の貿易風が強まると，赤道海流が強まり，東部の湧昇流が強まってこの領域の海面水温が低下すると同時に，西部のウォームプールは厚くなって温度躍層が深くなる。これがエルニーニョの反対の状態のラニーニャ現象である。この時，地上気圧の東西の差は大きくなっているので，南方振動指数は正となる。

　上の説明では，エルニーニョやラニーニャが維持されるメカニズムが示されているが，実際には数年ごとに両者が反転して生じている。エルニーニョとラニーニャが繰り返し起こる理由として考えられているメカニズムの一つに，遅延振動子という理論がある（図14-7）。ラニーニャで東部赤道太平洋の温度躍層が浅くなる時，そこから少し南北にずれた位置では温度躍層が通常より深くなる。この深い温度躍層の領域が海洋

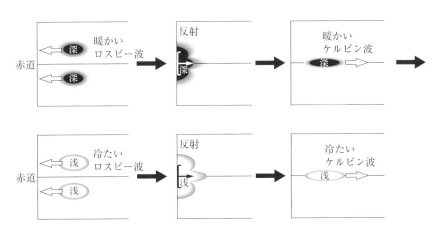

図14-7　遅延振動子による ENSO のメカニズムの考察（Suarez and Schopf, 1988）[5]

で発生する暖かいロスビー波としてゆっくりと西に伝播してゆく（図14‒7の上左図）。太平洋を横断してアジア大陸に到達すると，波は反射する際に深い温度躍層を赤道に集中させる。すると赤道上の深い温度躍層は暖かいケルビン波として赤道に沿って東進するようになる（図14‒7の上右図）。ここで，ケルビン波とは東進する最大スケールの重力波である。深い温度躍層は高い海面水温，浅い温度躍層は低い海面水温に対応するので，暖かいケルビン波が東太平洋まで伝播する際には海面水温の分布はエルニーニョのパターンとなる。あとは上図を反転させたパターンとしての下図になる。エルニーニョで東部赤道太平洋の温度躍層が深くなる時，そこから少し南北にずれた位置では温度躍層が通常より浅くなる（図14‒7の下左図）。上と逆の関係で西進する冷たいロスビー波と波の反射，東進する冷たいケルビン波の説明を繰り返すことで，パターンは反転して最初のラニーニャの状態に戻る（図14‒7の下右図）。

　この遅延振動子の他に，西部太平洋振動子や，貯熱量の再充填・放出振動子などのメカニズムが提唱されているが，これらの理論は現実のENSOの周期的な変動を説明する一方で，複雑な不規則変動の説明ができないため，そのメカニズムがENSOにとって本質的であるかという結論は未だに得られていない。

14.6　ENSOの大気への影響

　赤道太平洋上の海洋の現象であるエルニーニョやラニーニャは，1万キロの空間スケールを持った現象ではあるが，日本などの中緯度の大気にも有意な影響を及ぼしている。

　エルニーニョ発生時に北半球の冬季に発生した異常気象の統計によると，日本付近は暖冬傾向になるという結果を示している。図14‒8（a）

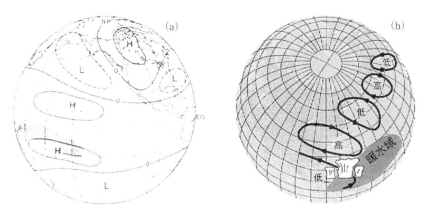

図14-8　ENSOに伴う気圧偏差のPNAとPJパターン
(a：Horel and Wallace, 1981／b：Nitta, 1987)[6],[7]

はエルニーニョの際の地上気圧の平年偏差の特徴を示したもので，太平洋・北米（PNA：Pacific North America）パターンと呼ばれる大気の応答を示している。エルニーニョの際にはウォームプールが平年よりも東に移動するため，赤道太平洋の中央あたりで積乱雲が活発化し，潜熱加熱をもたらす。この加熱に伴う上昇気流と低気圧の影響で，低気圧の南北に高気圧の渦が形成される。するとその高気圧の渦の影響で，北半球では高気圧偏差の北東に低気圧の渦が形成され，さらにその東に高気圧の渦，その南東に低気圧の渦が形成される。これは回転地球上での定常ロスビー波の伝播特性による現象で，波源から波のエネルギーが特定の方向に伝播し高低気圧の渦の列を形成するというものである。遠くの地点で地上気圧の相関が高くなることからテレコネクションと呼ばれる。これはPNAパターンと呼ばれるテレコネクションの例である。

　この他にも，日本の南から日本周辺に定常ロスビー波のエネルギーが伝播するPJ（Pacific Japan）パターンなどが有名である（図14-8（b））。ラニーニャの際には西部太平洋のウォームプールの上空で積乱雲が活発

化し，潜熱加熱に伴う上昇流と低気圧が形成される。するとそこを波源に定常ロスビー波が北東方向に伝播し，日本付近に高気圧の渦を形成し，さらに北東のカムチャッカ付近に低気圧の渦を形成する。ラニーニャの際の夏期には，日本付近の高気圧が強まって猛暑となることがある。その説明としてPJパターンによるテレコネクションが用いられることが多い。

このように，エルニーニョの際には暖冬冷夏，ラニーニャの際には寒冬猛暑となることが多い。ただし，これらはあくまで過去における異常気象の統計によるものなので，今後もその予報が当たるとは限らない。エルニーニョやラニーニャの際には世界各地で異常気象が起こりやすいが，異常気象が具体的にどの地域で発生するのかを特定することは困難である。それは，エルニーニョやラニーニャの発生に伴う加熱に応答し，定常ロスビー波が実際にどの方向に伝播するかを決める重要な要素として，偏西風ジェットの位置や強さや蛇行の仕方が関わっているためである。大気と海洋の相互作用には未だに不明な点が多いが，今後，国際共同観測により急ピッチで解明が進められることであろう。

研究課題

1) 上空の地衡風が地表摩擦によりどのような地上風になるかを調べ，地上風の応力で駆動される表層の海流（吹送流）が地衡風とどのような関係になるのかを調べてみよう。
2) エルニーニョの時とラニーニャの時のウォーカー循環の違いを，気圧と流れの分布の特徴が分かるように図示して説明せよ。

引用文献

1) 森本雅樹・天野一男・黒田武彦・他（2014）『地学基礎』実教出版, 191pp.

2) 木村龍治・新野宏（2010）『身近な気象学』放送大学教育振興会, 231pp.

3) Broeker, W. S. (1991): The great ocean conveyor. *Oceanography*, 4, pp.79-89. https://doi.org/10.5670/oceanog.1991.07.

4) 気象庁. https://commons.wikimedia.org/wiki/File:Enso_jma.png.

5) Suarez, M. J. and Schopf, P. S. (1988): A delayed action oscillator for ENSO. *J. Atmos. Sci.*, 45, pp.3283-3287.

6) Horel, John D. and Wallace, John M. (1981): Planetary-Scale Atmospheric Phenomena Associated with the Southern Oscillation. Fig. 11, p.824, *MONTHLY WETHER REVIEW*, Volume 109. © American Meteorological Society. Used with permission.

7) Tsuyoshi Nitta (1987): Convective activities in the tropical western Pacific and their impact on the Northern Hemisphere summer circulation. Fig. 18, p.387. *Journal of the Meteorological Society of Japan*. 65.

15 | 異常気象と気候変動

田中 博

《**学習のポイント**》 地球大気は太陽放射の変化や火山活動などにより長期的に変化し続けている。これらの自然変動に加えて，人類の活動が原因となって引き起こされる地球温暖化やオゾンホールの問題は，近年，地球環境問題として重要視されるようになった。天気予報の原理を応用して，異常気象や長期的な気候変動の将来予測を行い，人類が自ら将来を制御し，地球環境問題を解決する道筋について考える。

《**キーワード**》 異常気象，北極振動，地球温暖化，気候変動，オゾンホール

15.1 北極振動と北大西洋振動

　前章では，海洋の変動であるエルニーニョやラニーニャに伴う異常気象の発生について説明した。これまでは，異常気象が発生するとはじめにENSOとの関係が注目されてきた。最近，赤道付近のENSOとは別の北極圏を中心とした大気の変動が，異常気象の新たな要因として注目されるようになった。それは北極振動（AO：Arctic Oscillation）と呼ばれる現象である。

　北極振動は北半球中高緯度の地上気圧の変動に対し，統計的な主成分分析（変動成分を振幅の大きなものから順に分析する多変量解析の一種）により最も卓越する現象として定義される。北極振動は寒帯ジェットと亜熱帯ジェットの逆相関的変動が本質的な特徴である。これらの偏西風ジェットの強度偏差は，鉛直方向にほぼ一定の順圧構造を持つ。

　中高緯度の気圧場は寒帯ジェットと地衡風関係式を満たすように分布することから，寒帯ジェットが強い時に北極圏で低気圧偏差，中緯度に高気圧偏差がリング状に現れる。高気圧偏差は太平洋と大西洋の2か所で最も大きい。この寒帯ジェットが強い時の北極振動指数（AO指数）を正と定義する（図15-1：口絵参照）。

　逆に，寒帯ジェットが弱い時のAO指数は負となり，気圧偏差のパターンは反転し，北極圏で高気圧偏差，それを取り囲む中緯度に低気圧偏差が現れる。太平洋と大西洋の気圧偏差は負の極大になる。

　北極振動の気圧分布に関し，北大西洋領域に注目すると，高緯度のアイスランド低気圧付近と中緯度のアゾレス高気圧付近で気圧の逆相関が見られる。アゾレス諸島の地上気圧からアイスランドの地上気圧を引いた指数は北大西洋振動（NAO：North Atlantic Oscillation）と呼ばれ，古くから知られるテレコネクションの一つであり，大西洋上の偏西風ジェット気流の強弱の指標である。偏西風ジェットが強い時はNAO正で，弱い時はNAO負と定義される。北大西洋上の偏西風ジェット気流が強い時には，ヨーロッパは暖冬となる傾向がある。NAOはヨーロッパの気候の変動に影響する大気の変動として長期にわたり観測結果が蓄積されているが，今日では北極振動という北半球全体の変動の一部を見ているという認識に発展している。

　地上気温分布に注目すると，AO指数が正の時，強い寒帯ジェットに北極圏の寒気団が閉じ込められるため，北極圏の気温偏差は負となる。一方，寒帯ジェットを挟んで中緯度では，北の寒気が南下しにくいことから気温偏差は正となる。大洋上で寒帯ジェットが強化される特徴により，その風下にあたるヨーロッパからシベリアにかけてと，北米のカナダ周辺で正の気温偏差が大きくなる。

　逆に，AO指数が負の時には，風や気圧，気温の分布は反転し，寒帯

ジェットが弱まることで，北極圏が高気圧偏差となり，閉じ込められて
いた北極圏の寒気が中緯度の一部の地域に流れ出すと同時に，中緯度の
暖気が北極圏に侵入するため，北極圏の気温偏差は正となり，寒気が流
れ出しやすいヨーロッパからシベリア，そして北米のカナダ周辺で負の
気温偏差が大きくなる。実際には，AO 指数が負の時には寒帯ジェット
が南北に大きく蛇行し，ブロッキング高気圧が頻繁に発生することで，
各地で異常気象が多発するようになる。中緯度の暖気が北上する高緯度
で異常な高温となり，北極圏の寒気が南下する一部の地域で異常な低温
となる。したがって，寒帯ジェットの蛇行の仕方により，異常気象の発
生する地域を特定するのは困難である。ただし，季節平均で見れば平均
的な寒帯ジェットは弱く，北極圏で高気圧偏差，中緯度の太平洋と大西
洋に低気圧偏差，そしてグリーンランド付近の北極圏で高温偏差，シベ
リアと北米に低温偏差といった北極振動の特徴的な空間分布が解析され
る。

　AO 指数の時系列は冬季に大きな値を示し，夏季には小さい値となる。
2009/2010 年の冬に AO 指数が－2σ（σは標準偏差）の負となった。ま
た，2019/2020 年の冬には AO 指数が 2σの正の値を示し，日本は記録
的な暖冬となった（図 15 - 2）。長周期変動の中でも北極振動やブロッ
キングは鉛直方向に偏差がほぼ一定な順圧構造を示し，大気の内部変動
（流体の揺らぎによる変動）としての特徴がある。そのため AO 指数は
カオス的に振る舞い，大気モデルで AO 指数の季節変化を決定論的に
事前に予測することは極めて困難である。AO 指数の長期変動として，
1950 年から 1970 年にかけて減少，1970 年から 1990 年にかけて増加，
1990 年から 2010 年にかけて減少という約 40 年の長周期変動が見られ
る。

　図 15 - 1（口絵参照）の空間分布の特徴から，AO 指数が正の時には

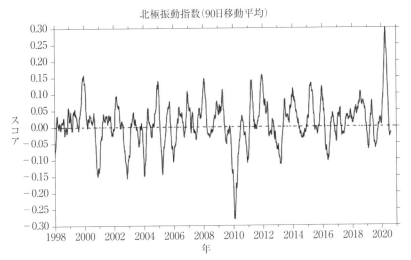

図 15 - 2　**1998 年以降の北極振動指数の時系列**

北極圏の気温偏差が負となり，強い寒帯ジェットを挟んでシベリアや日本周辺で気温偏差が正となる。したがって，AO 指数が大きな正の値を示した 1989 年，1990 年，1993 年に日本周辺では暖冬となったが，これらの暖冬の背景には北極振動が正の値で推移したことが影響していると考えられている。一方で，2000 年以降には AO 指数が負となる冬が頻発するようになった。図 15 - 1 の空間分布の特徴から，AO 指数が負の時には北極圏やグリーンランドの気温偏差が正となり，シベリアや日本周辺で気温偏差が負となる。したがって，AO 指数が大きな負の値を示した 2001 年，2003 年，2004 年，2005 年に日本周辺では寒冬となった。特に，2009/2010 年の冬は AO 指数が－2σの負となった。日本でも平成 18 年豪雪（2005/2006 年）に代表されるような記録的な降雪が近年頻発するようになった。これらの寒冬の背景には北極振動が負の値で推移していることが影響していると考えられている。冬季に限られた現象

ではあるが，北極圏が暖かい年には，北極圏の第一級の寒気が中緯度の一部の地域に流れ出している時であり，北極の温暖化と中緯度の寒い冬が，負の北極振動に伴って生じることが多い。

しかし，2019/2020年のように大きな正の値になると状況は反転し，北極圏に寒気が蓄積される一方で，シベリアが温暖になり，北西季節風が止んで日本は記録的な暖冬となった。このように，日本の気候は北極振動という自然変動に大きく影響を受けている。

15.2 偏西風ジェットの蛇行とブロッキング

　ブロッキング高気圧とは，中高緯度対流圏にしばしば形成される背の高い高気圧のことである。背が高いということは，対流圏の下層で高圧部の時，その上層も高圧部であることを意味する。したがって，高度場の順圧成分を取り出してその分布を調べてみると分かるように，ブロッキング高気圧の構造は，基本的に大気の順圧成分に含まれている。

　ブロッキング高気圧は，ひとたび出現すると，長い時には1か月近く同じ場所に停滞し続ける特徴がある。この持続性のある背の高い高気圧は多くの場合，切離低気圧を南方に伴った状態でジェット気流が位置する中緯度に出現するため，ジェット気流はこの高低気圧を迂回するように南北に分流しなければならない（図6-7）。ジェット気流に流されて通常西から東に移動する大気下層の高低気圧や前線が，この背の高い高気圧の出現により東進をブロックされることから，この高気圧はブロッキング高気圧（または単にブロッキング）と呼ばれている。

　図15-3は2018年2月2日頃に発生した典型的なブロッキングの例である。北太平洋のベーリング海上にブロッキング高気圧，その南に切離低気圧がある。ブロッキングが発生している時と，いない時の天気図を比較すると，一層その違いが明瞭となる。本来偏西風が卓越する中緯

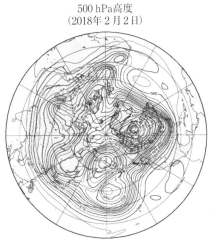

500 hPa高度
（2018年2月2日）

**図 15 - 3　ジェットの分流で発生した
ブロッキングの例**

度にブロッキングが発生することにより，偏西風ジェットは大きく蛇行
する。日本上空を通過する偏西風ジェットは，日付変更線付近でブロッ
キングにブロックされて南北に分流し，その北の支流は大きく迂回して
北極海にまで達し，その後アメリカ西海岸に南下している。一方，南の
支流はほぼ東西に流れ，西海岸で北の支流と合流している。ブロッキン
グ高気圧と切離低気圧の間には東風領域が形成されている。

　ブロッキングはひとたび発生すると長期間停滞するため，このような
気圧配置が持続すると，北の支流の先，北極海周辺では，猛烈な暖気移
流により，氷が解けるほどの異常気象に見舞われる。一方，寒気が持続
的に南下するアメリカ中西部では，ブリザードが吹き荒れ，大雪を伴う
異常気象となる。ブロッキングは冬季を中心とする寒候期に発生するこ
とが多く，寒候期の異常気象のほとんどが，このブロッキングの発生と
関係している。したがって，ブロッキング高気圧の発生予測は，中間期
予報や長期予報において中心的なテーマである。異常気象の予報を的確

に行うためには，当然のことながら，第一にブロッキングの力学的な成因を理解する必要がある。

　近代気象学が開花した1940年代に，高低気圧波動の成因が傾圧不安定理論により解明された。その後，実に多くの研究者がブロッキングの成因解明を試み，論争を続けてきた。しかし，ブロッキング形成の問題は，21世紀になっても未だに解決を見ない興味深い研究テーマである。北極振動が寒帯前線ジェット気流の強弱により北半球規模での異常気象を引き起こすのに対し，ブロッキングは寒帯前線ジェットがローカルに大きく蛇行することによりローカルな異常気象を引き起こす原因として知られている。どちらも対流圏内で背の高い大気の自然変動（内部変動）として力学的に共通点があり，研究が進められている。

15.3　気候変動

　数十年から数百年以上のタイムスケールの気候変動の原因には，太陽放射エネルギーや海洋循環の変化，火山爆発などの自然的要因の他に，人間活動に伴う温室効果気体の増大や森林伐採などの人為的要因が考えられる。人間活動によってもたらされる二酸化炭素の増大は，大気の温室効果により温暖化をもたらす。このように人間活動が原因で生じる温暖化を特に地球温暖化と呼ぶ。温暖化は1890年以降に100年で約0.7℃の割合で生じており，特に20世紀後半に急速に進んでいる（図15－4）。温暖化には，人間活動とは無関係に生じる自然変動が常に重なっており，人為的温暖化を定量的に評価するには，この自然変動成分を正しく分離する必要がある。

　このまま，二酸化炭素に代表される温室効果気体を放出し続ければ，大気の温室効果は確実に強まり，地球温暖化は避けられないものとなる。温暖化が進むと，海面水位が上昇し，多くの土地が水面下に埋没する。

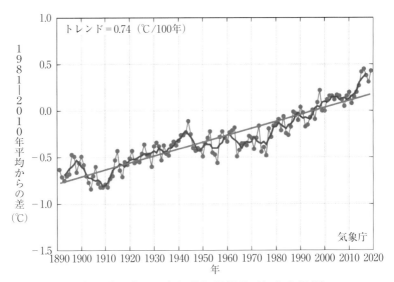

図 15 - 4　1890 年以降の世界の年平均気温偏差（気象庁提供）

表 15 - 1　温室効果気体の放射強制力（IPCC，2007 より）[1]

温室効果気体の種類	放射強制力
二酸化炭素	1.66 ± 0.17 W/m^2
メタン	0.48 ± 0.05 W/m^2
亜酸化窒素	0.16 ± 0.02 W/m^2
ハロカーボン	0.34 ± 0.03 W/m^2

あるいは，生態系の複雑なバランスが崩壊し，さまざまな予期せぬ問題
が生じ，異常気象の多発などが予想される。二酸化炭素は 1 万年前には
260 ppm しかなかったが，緩やかに増えて 1800 年頃には 275 ppm になって
いた。その後，産業革命が起こり，戦後の 1946 年から急激な増加が
始まり，2013 年には 400 ppm を超えた。

　表 15 - 1 は二酸化炭素，メタン，亜酸化窒素，ハロカーボンがどの程
度の温室効果をもたらしているかを放射強制力という指標で示したもの

である。放射強制力とは，1750年のレベルと比べて，これらの温室効果気体が増えることにより，大気上端から地球を見下ろした時に，放射の強さがどれだけ変化したかを示すものである。温室効果がある場合には正になる量である。表15-1から，メタン，亜酸化窒素，ハロカーボンを合わせると，二酸化炭素の約60％にも及ぶ温室効果を持っていることが分かる。

　このような最近250年間の温室効果気体の増加には，人為起源の放出が効いていることはほぼ確実と考えられている。人為起源の放出に注目すると，二酸化炭素の増加には，石油・石炭などの化石燃料の燃焼が最も効いており，森林の伐採などの土地利用の変化がその1/4程度効いている。一方，メタンの増加には石炭や天然ガスの採掘，家畜の反芻に伴うゲップ，稲の耕作，埋め立てゴミや廃棄物などが効いている。亜酸化窒素の増加には農業に伴う施肥等が効いている。さらに，ハロカーボンの増加には，エアコンや冷凍冷蔵庫の冷媒，消火器の消火剤が効いている。二酸化炭素は100 ppm程度（大気の0.01％）の増加であり，メタンは1000 ppb（0.0001％），亜酸化窒素に至っては50 ppb（0.000005％）と微量の増加に過ぎないが，このような微量の変化が気候に大きな影響を持つことが特徴である。

　人為的要因による地球温暖化を防止するためには，世界各国が協力し，温室効果気体の放出を抑制する必要があるが，それは人間が活動するためのエネルギー消費量の削減に関係するため容易なことではない。まずは，より信頼のおける地球温暖化の将来予測を行う必要があり，そのためには大気・海洋・植生などの間の複雑な相互作用を解明し，地球システム全体を理解することが重要である。

　図15-5は過去1000年の地上気温の変化を示す。西暦1000年頃に中世の温暖期と呼ばれる気温の高い時代があり，日本では温和な気候によ

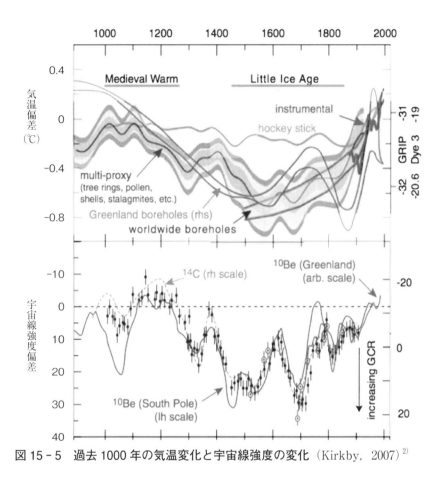

図 15 - 5　過去 1000 年の気温変化と宇宙線強度の変化（Kirkby，2007）[2]

り平安京が栄えた。その後，気温は 1600 年頃まで低下し，不安定な戦国時代を迎えることになった。1500 〜 1800 年頃までの寒冷な時代は小氷期と呼ばれる。現在の温暖化は小氷期後の 1800 年頃から始まっており，自然変動が近年の温暖化にどの程度貢献しているかを評価することが極めて重要である。このような長期的な気候変動は自然変動であり，

最新の気候予測モデルでも再現できていない。原因としては太陽放射の変化や磁場の変化などが考えられる。これらは地球に降り注ぐ宇宙線の変化とも高い相関を持ち，現在も研究が進められている。

産業革命により大気中に二酸化炭素が排出されるようになってからは，直接観測による気温の上昇傾向が見られるようになったが，人為的な地球温暖化が顕著となるのは主に戦後の 1946 年以降のことである。1940 年から 1970 年までの間，気温は低下したが，その後，1970 年以降に温暖化が顕著となり，人為起源の温暖化の影響が大きく働いたと考えられている。しかし，21 世紀に入ると温暖化は予測に反して停滞した。その原因の解明が望まれている。2016 年のエルニーニョ現象で気温は一時的に上昇したが，その後は元に戻ったため，気候モデルによる急激な温暖化予測と観測事実との間に乖離が見られている。

15.4 将来の気候

第 13 章では，現在の天気予報が「数値予報」という手法に基づいて行われていることを学んだ。数値予報では大気で起きているさまざまな過程を，物理法則に基づいた複雑な数式で表した大気の数値モデルを開発し，このモデルの初期値として観測値を与え，コンピュータを使って時間積分を行うことで数日先の将来の状態を再現している。

数十年から 100 年先の将来の気候を予測する上でも，これと同様な手法が用いられる。ただし，数値予報で使われている大気の数値モデルは長くてもたかだか 3 週間程度先しか予測しないが，将来の気候を予測するためには，同様の数値モデルを使って数十年から 100 年先まで予測してやる必要がある。このように長期間の予測をするには，海や陸面，雪氷圏の影響が大きいので，海洋大循環モデルや，海氷モデル，植生モデルなども含めた気候システムモデルと呼ばれる数値モデルが用いられ

る。気候予測の研究者たちは，現在の大気科学，海洋科学，雪氷圏科学，陸面過程などの知識を最大限に盛り込んで，気候システムで起きる複雑なフィードバック現象をモデルの中で正確に表現する努力を続けている。現在ではこのような気候システムモデルが世界中で開発されており，それらの相互比較が盛んに行われている。

　これらの気候システムモデルで将来予測ができることを示すには，同じモデルで過去の観測事実を再現できることを確かめる必要がある。それを試みたのが図15‒6（口絵参照）で，ここでは，過去に人為的に放出された温室効果気体の量や，大気中に浮遊するエアロゾルと呼ばれる微量粒子の量に加えて，自然変動としての太陽からの日射の変動や，火山の噴火による火山灰の注入の効果などを与えて，過去の気候変動の再現が試みられている。モデル間にはかなりのばらつきもあるが，その平均値の変化は観測結果をかなりよく再現しているのが分かる。

　過去の気候変動がある程度よく再現できることから，将来の気候予測も可能のように思われるが，ここで大きな問題がある。それは将来，人類がどれだけの温室効果気体を放出するかが分からないことである。二酸化炭素の放出量一つとってみても，これは各国の経済成長と密接に結び付いており，その利害が対立するため，国際的な合意はなかなか難しいのが現状である。すなわち，温室効果気体の放出は各国の政策や国際関係で決まるので，予測が難しい問題なのである。

　そこで，将来の気候変動を見積もるために，まずは何通りかの温室効果気体の増加のシナリオを作り，それぞれのシナリオに従った場合の気候変動を予測することになった。2000年の大気組成に比べ，$2.6\,\mathrm{W/m^2}$の放射強制が働くと仮定した予測では，2100年には約$1.0\,℃$の昇温が起こると予測される。$4.5\,\mathrm{W/m^2}$の放射強制が働くと仮定した予測では，2100年には約$1.9\,℃$の昇温が起こると予測される。$6.0\,\mathrm{W/m^2}$の放射強

制が働くと仮定した予測では，2100年には約2.4℃の昇温が起こると予測される。そして，8.5 W/m² の放射強制が働くと仮定した予測では，2100年には約3.8℃の昇温が起こると予測される。それぞれのケースで予測の不確かさの程度についても表示されている。

　このようなばらつきの原因には主として二つの要因がある。一つは大気海洋結合系の運動が数年か数十年の変動を含んでいるだけでなく，初期の状態に微小な違いがあっただけで，しばらく経った後には大きく違った状態になってしまう性質があり，何通りもの予測を行ってその統計的な平均を見なければ，長期間の変化傾向が把握しにくいことがある。もう一つは，気候予測に用いられる数値モデルの水平解像度はたかだか20 km程度で，大気の平均的な温度分布や降水量に大きな役割を果たす積乱雲や，地表面近くの温度分布や雲の形成に大きな影響を及ぼす大気境界層の中の渦運動などを直接は表現できていないことによる。これら，積乱雲の効果や大気境界層中の渦運動の効果は，物理的な考察から導かれた数式で表現されているが，まだまだ現象の理解が不十分で，モデルごとにその表現が異なっている。このため，モデルごとに温室効果気体が増えた時の応答が異なっているのである。

　ここまでは，温室効果気体の変動が，排出シナリオで与えられていたが，実際には温室効果気体の存在量自身が気温や森林の成長，植物性プランクトンの増減に伴って変動する。二酸化炭素を例にとっても，気温や降水量が変化した時には，生態系の成長が変わり，それがまた二酸化炭素の排出・吸収にフィードバックするということが起こる。このような物理・化学・生物過程の相互作用をモデルの中に正しく取り込んでゆくことは容易なことではない。生態系と大気海洋システムとの相互作用はまだまだ十分に理解できているわけではなく，今後これらの過程をより正確に取り込んだモデルを作ってゆくことが重要な課題となってい

る。このような不確実性を考えると，過去の観測事実を的確に再現でき
たとしても，それが正しい原因で再現されているかどうかを再検証する
必要がある。

　温暖化に伴う顕著現象や災害についても関心が高いが，まだまだ不確
実性は高い。例えば，温暖化が進んだ時の猛暑日の出現頻度は上昇する
という実験結果があるが，比較のために温室効果気体を一定としたモデ
ルでは温暖化が起こらない。つまり，この実験では温暖化はすべて人為
起源であり，自然変動による長期的温暖化はないと仮定されている。自
然変動成分の定量化はこの実験でも重要である。

　熱帯低気圧の強さや頻度がどのように変わるかも興味を集めている。
最新の気候予測の結果によれば，温暖化が進めば熱帯低気圧の発生頻度
は減るが，強度は強くなるという結果が得られている。今後，さらに研
究を進める必要がある。また，近年，強い雨の頻度が増していることが
観測データから指摘されている。例えば，日本でも，気象庁の 51 地点
で 1901 年から 2004 年までの統計によれば，日降水量が 100 mm を超え
た日数は 1 年あたり 0.25 ％増えている。気候モデルの方は，モデルで解
像できない積乱雲の表現に不確定性があり，まだまだ検討の余地が残さ
れているが，過去の再現結果でも降水強度の変動が大きくなる傾向は見
られており，今後 100 年の将来予測ではさらに降水強度の変動が大きく
なる傾向が予測されている。強い台風が増え，強い雨の頻度が増すこと
はいずれも気象災害の原因となるので，より一層研究を進めるとともに，
研究の動向をにらんで，長期的な視点での防災計画を進めてゆく必要が
ある。

15.5　オゾンホール

　人間活動が環境に影響を与えるもう一つの重要な例として，次にオゾ

ンホールの問題を取り上げよう。オゾンホールとは南極成層圏に存在するはずのオゾン層が人間活動によって破壊され、オゾン層に穴が開いたようになる現象のことである。1982年に1点観測により成層圏オゾンの減少が発見され、その後、衛星観測により全体像を見た時に、オゾン層に穴が開いているようにオゾンが減少している様子が明らかになったことから、オゾンホールと呼ばれるようになった（図15-7）。その後、オゾン破壊のメカニズムが明らかになるにつれ、有害な紫外線をカットしてくれるオゾン層が減少すると、皮膚がんや白内障が増えるのではないかと注目を浴びるようになった。

　オゾン層は地上約10～30 kmを中心とする成層圏に最も多く存在し、太陽からの有害な紫外線を吸収してくれる。第1章で学んだように、オゾン層が形成されたことに伴い、それまでは有害な紫外線のために水中でしか生きられなかった生物が地上にはい上がることが可能となり、陸上植物の繁茂とこれに伴う酸素の増加につながっている。地球に発生した生命が、生命の生息に都合がいいように、地球の環境を変化させたこ

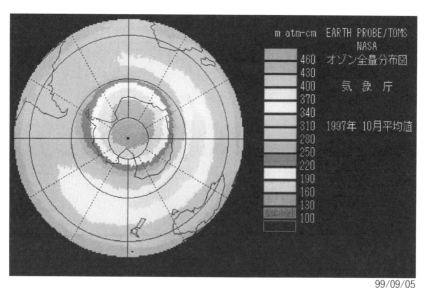

99/09/05

図15-7　南半球における1997年のオゾンホールの空間分布（気象庁提供）

とから，ガイア理論と呼ばれることがある。ギリシャ神話に登場する大地の女神であるガイアの神様が，生命体の生息に都合がいいように地球の環境を変革するという仮想的な理論であり，裏を返せば，地球の環境を破壊するもの（例えば人間活動など）は自然界から排除されるという意味も込められている。

　図 15-8 はオゾンゾンデで観測された南極上空のオゾン分圧の鉛直分布である。オゾンゾンデは，通常のラジオゾンデ観測より一回り大きな気球にオゾン量，気温，気圧を測定する測器部と無線通信装置を搭載し，高度約 35 km まで上昇させ，オゾン量を測定する装置のことである。このうちオゾン量は，ポンプで空気を吸引し，ヨウ化カリウム溶液の中を通した時に発生する電流を測ることによって求める。オゾン破壊が起こる前は 15 km 付近にピークを持つオゾン層が存在していたが，オゾンホールが発見された後の 1986 年にはピークの 20% 程度に減少し，オゾンホールが年々拡大した 1997 年には 15.20 km 高度でほぼ完全にゼロ

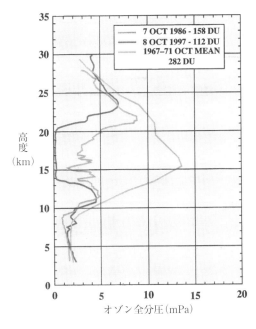

図 15-8　南極上空のオゾン濃度の鉛直分布の変化
（気象庁提供）

になった。1997年には，オゾン分圧がほぼゼロとなった領域が南極大陸をすっぽりと覆うくらいの大きさにまで拡大した。

　第2章で述べたように，太陽の強い紫外線の下で酸素分子が解離し，酸素分子と酸素原子が混在する下部成層圏に，さらに太陽の紫外線が照射されることでオゾンが生成される。オゾン自身も紫外線を吸収し，解離して酸素分子と酸素原子に分解し，酸素原子と反応して酸素分子になる。オゾンの量は第一近似ではこの生成と消滅の反応のバランスで決まり，実際の分布にはこれに大気の流れによる輸送の影響と他の微量成分との化学反応の効果が加わる。生成反応のうち，酸素分子の酸素原子への解離は高度100 km以下で起こり始め，紫外線の吸収を伴うため，次第に紫外線が弱まって下層では起こりにくくなる。一方，酸素分子と酸素原子からオゾンが生成される反応は，触媒となる分子の密度が大きいほど起こりやすいため，大気下層ほど起きやすい。これらの反応速度の違いにより，オゾン濃度は下部成層圏で最大となる。

　観測されるオゾンの分布は理論的に導かれた結果よりも全体にやや下層で最大となるが，これは極域成層圏では，赤道付近で上昇した空気が極付近で下降する大きな循環によって輸送されるためである。成層圏の空気は，赤道対流圏界面の200 Kの低温域を通過して対流圏から供給される。非常にゆっくりと循環するため，地球自転の影響をあまり受けずに，成層圏を巡って南北両極域で下降流となり，数年の時間スケールで対流圏に戻る。この循環は発見者の名前をとって，ブリューワー・ドブソン循環と呼ばれている（図15-9）。

　赤道圏界面の200 Kの領域を通過し，水蒸気を凝結により抜き取られて乾燥した空気が成層圏の高温域に流入するため，成層圏に雲はできない。ただ一つの例外は，ブリューワー・ドブソン循環で極域に運ばれた空気が，冬半球の極夜で形成される200 K以下の極低温に流入した時で

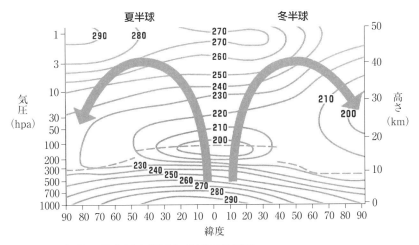

図 15-9　気温の緯度鉛直断面と成層圏の循環

ある。この時，成層圏でも例外的に雲ができる。この雲は極成層圏雲と呼ばれ，オゾンホールの形成に重要な役割を果たしている。日射の少ない高緯度では，オゾンの生成が少ない代わりに消滅も少ないことから，低緯度からのオゾンの輸送の影響を強く受けている。

　1982 年 10 月，南極の昭和基地で南極観測隊としてオゾン観測に従事していた忠鉢繁博士は，オゾンの量がこれまでの観測と比べて異常に少なくなることに気付いた。春になって太陽が昇り始めると，オゾン全量は極夜の期間の観測値よりも低くなり，10 月初旬には 220 ドブソンユニット以下となった。忠鉢氏はその研究結果を 1984 年にギリシャで開催された国際会議で発表したが，注目されることはなかったという。ところが，1985 年に *Nature* という一流雑誌にイギリスのファーマン他が論文を掲載し，南極のハレーベイというイギリスの基地での観測から，1970 年以降，劇的にオゾンが減少していることを示し，そのメカニズムとしてフロンガスに含まれる塩素が原因ではないかと推測した。それ

を契機に，オゾン破壊に関わる問題が国際的に脚光を浴びるようになったのである。

　実は，大気中のオゾンはNASAの人工衛星に搭載されたTOMSという測器で広域的に観測されており，1979年にはなかったオゾンホールが，忠鉢氏が報告した1982年頃から拡大し始めていたことが後日明らかにされた。オゾン破壊のメカニズムは，それまで無害とされて冷蔵庫やエアコンの冷却材として使われていたフロンが，成層圏の強い紫外線にさらされて解離し，中からオゾンを破壊する素となる塩素が分解して出てくることが原因である。ただし，塩素がオゾンを破壊する化学反応が進行するためには固体表面が必要であり，気体どうしが混在しただけでは化学反応は起こらないという性質がある。そこで，オゾン破壊に決定的に重要となるのが，南極成層圏の極渦の極寒の中で形成される，極成層圏雲と呼ばれる，主に氷の粒子からなる雲の存在である。

　一般に成層圏は高温なので雲が形成されないが，南極成層圏では極夜が発生する冬季に極渦内部が極低温となり，例外的に極成層圏雲が発生する。南半球には大規模山岳も少ないことから，プラネタリー波も弱く，極渦が安定しており，成層圏突然昇温も起こらない。すると，同心円状の強い極夜ジェット気流が壁となって，低緯度の暖気との混合が阻止され，極夜の強い放射冷却により極渦内部の一面に極成層圏雲が形成されるのである。そして，冬が過ぎ，春先に太陽光が戻り始めると，フロンが解離して塩素原子をはき出し，極成層圏雲という固体の氷の粒の表面でオゾン破壊の化学反応が進行するのである。塩素原子は触媒として働くため，微量でも大量のオゾン破壊をもたらすことから，極渦内部のオゾンが一気に破壊されて，南極上空にオゾン層の穴が開く。

　図15-9は成層圏におけるブリューワー・ドブソン循環と気温の鉛直子午面分布である。ハドレー循環の上昇流により断熱変化で200Kにま

で冷やされた空気塊が，ブリューワー・ドブソン循環により温暖な成層圏を満たしている。成層圏に雲がないのは，オゾン層による紫外線の吸収で，成層圏が 200 K よりも温暖だからである。ところが，冬半球の極夜では，強い放射冷却と極渦による南北混合の抑制効果で例外的に 200 K 以下の領域が発生し，そこに極成層圏雲が形成されるのである。ここに春先（9 ～ 10 月）に太陽光が差し込むことでオゾンホールができる。このように，オゾンホールの形成には成層圏の大気大循環が重要な役割を果たしていることが分かる。

　一方，北半球では，大規模山岳の影響で偏西風が南北に蛇行し，極渦が変形や分裂を起こし，時に成層圏突然昇温が発生するなどにより，200 K まで気温が下がることが少ない。そのため，オゾンホールは，南極上空では発生するのに北極上空では発生しないという違いが生まれる。大気大循環の南北の違いにより，北極圏でのオゾンホールの形成が阻止されているのである。

　このようにオゾンホール形成のメカニズムの理解が進む中で，1997 年に北半球でもオゾン破壊が進行し，北極圏のオゾン層に穴が開いた。この年はたまたま成層圏突然昇温が起こらず，極渦が安定して持続したため，北極成層圏の気温が下がり，極成層圏雲が形成されてオゾンホールのような穴が開いてしまった。その背景には地表で地球温暖化をもたらした二酸化炭素の増加が，成層圏では放射冷却の強化をもたらし，極成層圏雲の発生に貢献していることが考えられている。人為的な二酸化炭素の増大が成層圏の気温低下をもたらすことは理論的に知られており，観測的にも確かめられていることである。1987 年のモントリオール議定書の採択により，フロン全廃に向けた努力の結果，大気中のフロンは減少に転じている。

研究課題

1) 北極振動指数がプラスの時とマイナスの時の寒帯ジェット気流の違いを調べ，地衡風の観点から考察し，気圧の分布がどのようになるのかを図を書いて説明せよ。
2) 地球温暖化の問題とオゾンホールの問題を比較し，類似点と相違点について列挙してみよう。

引用文献

1) IPCC (2007): *Climate Change 2007-The Physical Science Basis : Working Group I to the Fourth Assessment Report of the Intergovernmental Panel on Climate Change*. Cambridge University Press, 996pp. https://www.ipcc.ch/report/ar4/wg1/.
2) Jasper Kirkby (2007): Cosmic rays and climate. *Surveys in Geophysics*, 28, pp.333-375. https://doi.org/10.1007/s10712-008-9030-6.
    Reprinted by permission from Springer Nature Switzerland AG.
3) IPCC (2013): *Climate Change 2013 : The Physical Science Basis*. Contribution of Working Group I to the Fifth Assessment Report of the Intergovernmental Panel on Climate Change. [Stocker, T. F., D. Qin, G.-K. Plattner, M. Tignor, S. K. Allen, J. Boschung, A. Nauels, Y. Xia, V. Bex and P. M. Midgley (eds.)]. Cambridge University Press, Cambridge, United Kingdom and New York, NY, USA, 1535pp. https://www.ipcc.ch/report/ar5/wg1/. Figure SPM.7 (a) Global average surface temperature change (fragment).

索引

●配列は五十音順。

著者紹介

田中　博（たなか・ひろし）
・執筆章→ 1〜3・6・9・13〜15

1957 年	新潟県に生まれる
1980 年	筑波大学自然学類卒業
	米国ミズリー大学研究員，アラスカ大学助教，筑波大学講師，助教授，教授を経て
現在	放送大学客員教授・筑波大学計算科学研究センター教授・Ph.D.
専攻	気象学，大気科学，地球流体力学
主な著書	『偏西風の気象学』（成山堂書店）
	『地球環境学』（共著　古今書院）
	『地学基礎』（共著　実教出版）
	『地球大気の科学』（共立出版）

伊賀　啓太（いが・けいた）
・執筆章→ 4・5・7・8・10〜12

1966 年	兵庫県に生まれる
1995 年	東京大学大学院理学系研究科博士課程修了
	北海道大学大学院助手，九州大学応用力学研究所助教授，東京大学海洋研究所准教授を経て
現在	放送大学客員准教授・東京大学大気海洋研究所准教授・博士（理学）
専攻	地球流体力学，大気力学
主な著書	『地球環境を学ぶための流体力学』（共著　成山堂書店）
	『身近な気象学』（共著　放送大学教育振興会）

放送大学教材　1569376-1-2111（テレビ）

改訂版　はじめての気象学

発　行　　2021 年 3 月 20 日　第 1 刷
　　　　　2023 年 1 月 20 日　第 2 刷
著　者　　田中　博・伊賀啓太
発行所　　一般財団法人　放送大学教育振興会
　　　　　〒105-0001　東京都港区虎ノ門 1-14-1　郵政福祉琴平ビル
　　　　　電話　03（3502）2750

市販用は放送大学教材と同じ内容です。定価はカバーに表示してあります。
落丁本・乱丁本はお取り替えいたします。

Printed in Japan　ISBN978-4-595-32288-4　C1344